一流本科专业一流本科课程建设系列教材

U0367429

工程制图基础教程习题集

主　编　李兴东　宋剑锋

副主编　李大龙

参　编　姚春东　梁瑛娜　单彦霞　董永刚

主　审　张树存

机 械 工 业 出 版 社

本习题集与姚春东、李大龙主编的《工程制图基础教程》教材配套使用。

本习题集是在习近平新时代中国特色社会主义思想指引下，将落实立德树人根本任务和培养学生执着专注、精益求精、一丝不苟、追求卓越的工匠精神相结合，以培养应用型本科人才为出发点，注重培养学生的空间思维能力和想象力、工程图样的表达能力、标准件和常用件的认知能力和读图能力等。本习题集的内容包括：绪论，工程制图的基本知识与技能，点、直线、平面的投影，立体及其表面交线的投影，组合体，机件常用的表达方法，工程中的标准件和常用件，零件图，装配图，CAXA 二维计算机绘图基础和 SolidWorks 三维建模基础。

本习题集适合高等工科院校非机械类和近机械类各专业使用，也可供其他类型学校的相关专业选用。习题有难有易，其中带 * 习题较难，可根据教学目标选用。

图书在版编目（CIP）数据

工程制图基础教程习题集/李兴东，宋剑锋主编. —北京：机械工业出版社，2023.9
一流本科专业一流本科课程建设系列教材
ISBN 978-7-111-73554-0

Ⅰ. ①工⋯ Ⅱ. ①李⋯ ②宋⋯ Ⅲ. ①工程制图-高等学校-习题集 Ⅳ. ①TB23-44

中国国家版本馆 CIP 数据核字（2023）第 135590 号

机械工业出版社（北京市百万庄大街 22 号 邮政编码 100037）
策划编辑：段晓雅　　　　　　　责任编辑：段晓雅　章承林
责任校对：宋　安　刘雅娜　　　封面设计：王　旭
责任印制：单爱军
保定市中画美凯印刷有限公司印刷
2023 年 12 月第 1 版第 1 次印刷
260mm×184mm · 7.5 印张 · 183 千字
标准书号：ISBN 978-7-111-73554-0
定价：24.80 元

电话服务　　　　　　　　　网络服务
客服电话：010-88361066　　机　工　官　网：www.cmpbook.com
　　　　　010-88379833　　机　工　官　博：weibo.com/cmp1952
　　　　　010-68326294　　金　书　网：www.golden-book.com
封底无防伪标均为盗版　　　机工教育服务网：www.cmpedu.com

前　言

　　本习题集是在习近平新时代中国特色社会主义思想指引下，将落实立德树人根本任务和培养学生执着专注、精益求精、一丝不苟、追求卓越的工匠精神相结合，以教育部高等学校工程图学课程教学指导分委员会2019年制定的《高等学校工程图学课程教学基本要求》为依据，结合高等学校应用型人才的培养目标和特点，根据现行国家标准及多年的教改成果和教学经验编写而成。

　　本习题集与姚春东、李大龙主编的《工程制图基础教程》教材配套使用，内容的编排与教材一致。本习题集主要有以下特点：

　　1）内容安排符合从易到难、循序渐进的教学规律。

　　2）内容较为充实，题型较全，且有一定的余量，为教师取舍和学生增加练习提供了方便。

　　3）针对应用型人才培养的特点，在保证教学内容够用的基础上，注重画图和读图能力的训练。

　　4）配有大量形象生动的三维动画演示视频以及习题讲解视频，既可用于学生自学或课外辅导，又可用于教师在多媒体教室授课，更适合线上线下混合式教学。

　　本习题集配有习题解答，向授课教师免费提供，请需要者登录机工教育服务网（www.cmpedu.com）下载。

　　本习题集由李兴东、宋剑锋任主编，李大龙任副主编，姚春东、梁瑛娜、单彦霞、董永刚参与了部分内容的编写。本习题集由燕山大学图学部具有丰富教学经验的张树存老师担任主审，他对本书的编写提出了宝贵意见，在此表示感谢。

　　在编写过程中，编者参考了一些相关书籍，在此特向有关作者表示感谢。

　　由于编者水平有限，本习题集难免存在不足之处，敬请读者批评指正。

编　者

二维码列表

名称	二维码	名称	二维码	名称	二维码	名称	二维码
习题 3-2 讲解视频		习题 3-10 讲解视频		习题 3-16-2 讲解视频		习题 4-4 讲解视频	
习题 3-3 讲解视频		习题 3-11 讲解视频		习题 3-17 讲解视频		习题 4-5 讲解视频	
习题 3-4 讲解视频		习题 3-12 讲解视频		习题 3-18 讲解视频		习题 4-6 讲解视频	
习题 3-5 讲解视频		习题 3-13 讲解视频		习题 3-19 讲解视频		习题 4-7 模型动画	
习题 3-6 讲解视频		习题 3-14-1 讲解视频		习题 3-20 讲解视频		习题 4-7 讲解视频	
习题 3-7 讲解视频		习题 3-14-2 讲解视频		习题 4-1 讲解视频		习题 4-8 模型动画	
习题 3-8 讲解视频		习题 3-15 讲解视频		习题 4-2 讲解视频		习题 4-8 讲解视频	
习题 3-9 讲解视频		习题 3-16-1 讲解视频		习题 4-3 讲解视频		习题 4-9 模型动画	

名称	二维码	名称	二维码	名称	二维码	名称	二维码
习题 4-9 讲解视频		习题 4-14 讲解视频		习题 4-19 讲解视频		习题 4-23-2 讲解视频	
习题 4-10 模型动画		习题 4-15 模型动画		习题 4-20 模型动画		习题 4-24 模型动画	
习题 4-10 讲解视频		习题 4-15 讲解视频		习题 4-20 讲解视频		习题 4-24 讲解视频	
习题 4-11 模型动画		习题 4-16 模型动画		习题 4-21 模型动画		习题 4-25 模型动画	
习题 4-11 讲解视频		习题 4-16 讲解视频		习题 4-21 讲解视频		习题 4-25 讲解视频	
习题 4-12 模型动画		习题 4-17 模型动画		习题 4-22 模型动画		习题 4-26 模型动画	
习题 4-12 讲解视频		习题 4-17 讲解视频		习题 4-22 讲解视频		习题 4-26 讲解视频	
习题 4-13 模型动画		习题 4-18 模型动画		习题 4-23-1 模型动画		习题 4-27 模型动画	
习题 4-13 讲解视频		习题 4-18 讲解视频		习题 4-23-1 讲解视频		习题 4-27 讲解视频	
习题 4-14 模型动画		习题 4-19 模型动画		习题 4-23-2 模型动画		习题 4-28 模型动画	

名称	二维码	名称	二维码	名称	二维码	名称	二维码
习题 4-28 讲解视频		习题 4-32-2 模型动画		习题 5-1 讲解视频		习题 5-5-2 模型动画	
习题 4-29 模型动画		习题 4-32-2 讲解视频		习题 5-2 讲解视频		习题 5-5-2 讲解视频	
习题 4-29 讲解视频		习题 4-33 模型动画		习题 5-3 模型动画		习题 5-5-3 模型动画	
习题 4-30 模型动画		习题 4-33 讲解视频		习题 5-3 讲解视频		习题 5-5-3 讲解视频	
习题 4-30 讲解视频		习题 4-34 模型动画		习题 5-4-1 讲解视频		习题 5-5-4 模型动画	
习题 4-31 模型动画		习题 4-34 讲解视频		习题 5-4-2 讲解视频		习题 5-5-4 讲解视频	
习题 4-31 讲解视频		习题 4-35 模型动画		习题 5-4-3 讲解视频		习题 5-6-1 模型动画	
习题 4-32-1 切-模型动画		习题 4-35 讲解视频		习题 5-4-4 讲解视频		习题 5-6-2 模型动画	
习题 4-32-1 模型动画		习题 4-36 切-模型动画		习题 5-5-1 模型动画		习题 5-6-3 模型动画	
习题 4-32-1 讲解视频		习题 4-36 讲解视频		习题 5-5-1 讲解视频		习题 5-6-4 模型动画	

名称	二维码	名称	二维码	名称	二维码	名称	二维码
习题 5-6 讲解视频		习题 5-8 装配体-模型动画		习题 5-11 模型动画		习题 5-16-1 模型动画	
习题 5-7-1 模型动画		习题 5-8 讲解视频		习题 5-11 讲解视频		习题 5-16-2 模型动画	
习题 5-7-1 讲解视频		习题 5-9 模型动画		习题 5-12-1 讲解视频		习题 6-1 模型动画	
习题 5-7-2 模型动画		习题 5-9 讲解视频		习题 5-12-2 讲解视频		习题 6-1 讲解视频	
习题 5-7-2 讲解视频		习题 5-10-1 模型动画		习题 5-13-1 讲解视频		习题 6-2 模型动画	
习题 5-7-3 模型动画		习题 5-10-1 讲解视频		习题 5-13-2 讲解视频		习题 6-2 讲解视频	
习题 5-7-3 讲解视频		习题 5-10-2 模型动画		习题 5-14 模型动画		习题 6-3-1 模型动画	
习题 5-7-4 模型动画		习题 5-10-2 讲解视频		习题 5-14 讲解视频		习题 6-3-1 讲解视频	
习题 5-7-4 讲解视频		习题 5-10-3 模型动画		习题 5-15-1 模型动画		习题 6-3-2 模型动画	
习题 5-8 模型动画		习题 5-10-3 讲解视频		习题 5-15-2 模型动画		习题 6-3-2 讲解视频	

名称	二维码	名称	二维码	名称	二维码	名称	二维码
习题 6-4-1 模型动画		习题 6-8 讲解视频		习题 6-11 讲解视频		习题 6-15 模型动画	
习题 6-4-1 讲解视频		习题 6-9-1 主视半剖-模型动画		习题 6-12 主视图局剖-模型动画		习题 6-15 讲解视频	
习题 6-4-2 模型动画		习题 6-9-2 主视半剖-模型动画		习题 6-12 俯视图局剖-模型动画		习题 6-16 阶梯剖-模型动画	
习题 6-4-2 讲解视频		习题 6-9-3 主视半剖-模型动画		习题 6-12 讲解视频		习题 6-16 讲解视频	
习题 6-5 主视半剖-模型动画		习题 6-9-4 主视半剖-模型动画		习题 6-13 主视局剖-模型动画		习题 6-17 相交剖切-模型动画	
习题 6-5 讲解视频		习题 6-9 讲解视频		习题 6-13 俯视局剖-模型动画		习题 6-17 讲解视频	
习题 6-6 讲解视频		习题 6-10 主视半剖-模型动画		习题 6-13 讲解视频		习题 6-18 相交剖切-模型动画	
习题 6-7 主视半剖-模型动画		习题 6-10 讲解视频		习题 6-14 主视半剖-模型动画		习题 6-18 讲解视频	
习题 6-7 讲解视频		习题 6-11 主视局剖-模型动画		习题 6-14 左视全剖-模型动画		习题 6-19 讲解视频	
习题 6-8 主视半剖-模型动画		习题 6-11 俯视局剖-模型动画		习题 6-14 讲解视频		习题 6-20 装配体模型动画	

（续）

名称	二维码	名称	二维码	名称	二维码	名称	二维码
习题 6-21 装配体模型动画		习题 6-24 讲解视频		习题 7-4-1 螺栓连接装配-模型动画		习题 7-7 讲解视频	
习题 6-21 讲解视频		习题 6-25-1 主视半剖-模型动画		习题 7-4-1 螺栓连接紧固件-讲解视频		习题 7-8 讲解视频	
习题 6-22 剖-模型动画		习题 6-25-1 俯视半剖-模型动画		习题 7-4-2 螺柱连接装配-模型动画		习题 8-1 模型动画	
习题 6-22 模型动画		习题 6-25-1 讲解视频		习题 7-4-2 螺柱连接装配图-讲解视频		习题 8-1 讲解视频	
习题 6-22 讲解视频		习题 6-25-2 主视全剖-模型动画		习题 7-4-3 螺钉连接装配-模型动画		习题 8-2 模型动画	
习题 6-23 俯视全剖-模型动画		习题 6-25-2 俯视全剖-模型动画		习题 7-4-3 螺钉连接装配图-讲解视频		习题 8-2 剖切-模型动画	
习题 6-23 左视全剖-模型动画		习题 6-25-2 讲解视频		习题 7-5 键连接装配-模型动画		习题 8-2 讲解视频	
习题 6-23 讲解视频		习题 7-1 讲解视频		习题 7-5-1 讲解视频		习题 8-3 俯视全剖-模型动画	
习题 6-24 主视半剖-模型动画		习题 7-2 讲解视频		习题 7-5-2 讲解视频		习题 8-3 模型动画	
习题 6-24 左视全剖-模型动画		习题 7-3 讲解视频		习题 7-6 讲解视频		习题 8-3 主视全剖-模型动画	

名称	二维码	名称	二维码	名称	二维码	名称	二维码
习题 8-3 左视局剖-模型动画		习题 8-6 讲解视频		习题 8-11 讲解视频		习题 11-3-1 模型动画	
习题 8-3 讲解视频		习题 8-7 讲解视频		习题 8-12 讲解视频		习题 11-3-2 模型动画	
习题 8-4 主视半剖-模型动画		习题 8-8 讲解视频		习题 11-1-1 模型动画		习题 11-4 模型动画	
习题 8-4 模型动画		习题 8-9 讲解视频		习题 11-1-2 模型动画		习题 11-5 模型动画	
习题 8-4 讲解视频		习题 8-10 模型动画		习题 11-2-1 模型动画			
习题 8-5 讲解视频		习题 8-10 讲解视频		习题 11-2-2 模型动画			

目　　录

指出三视图所对应的立体图。

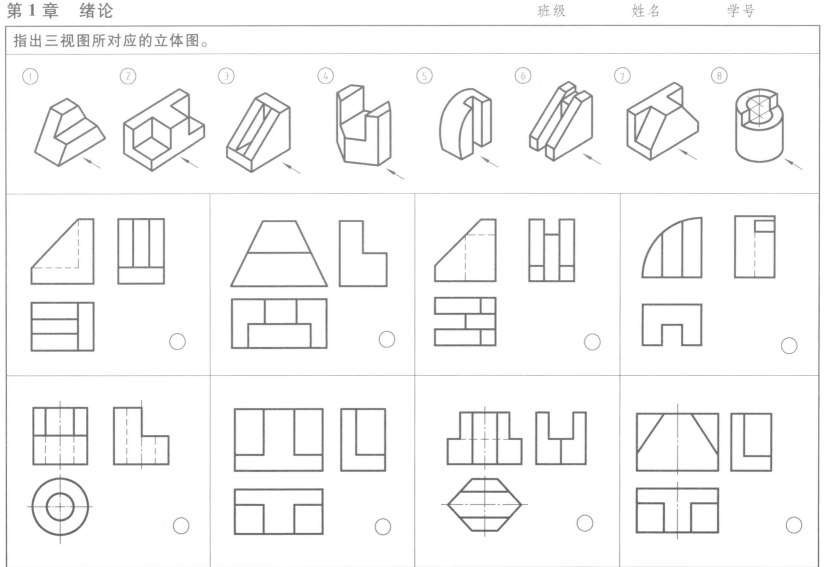

2-1　按照国家标准规定字体练习书写下列文字。

根据国家标准机械制图字体的规定汉字应写成长

仿宋体字体的宽度大约等于字体高度的三分之二

2-1　按照国家标准规定字体练习书写下列文字（续）。

图样中常用的汉字有技术要求尺寸标注比例材料

毫米螺栓螺母垫圈热处理渗碳硬度表面粗糙度等

2-1　按照国家标准规定字体练习书写下列文字（续）。

字体端正笔划清楚排列整齐间隔均匀横平竖直有

起有落充满方格耐心细致坚持不懈写好长仿宋字

2-2　线型练习。

1.

粗实线

虚线

细点画线

细实线

波浪线

2.

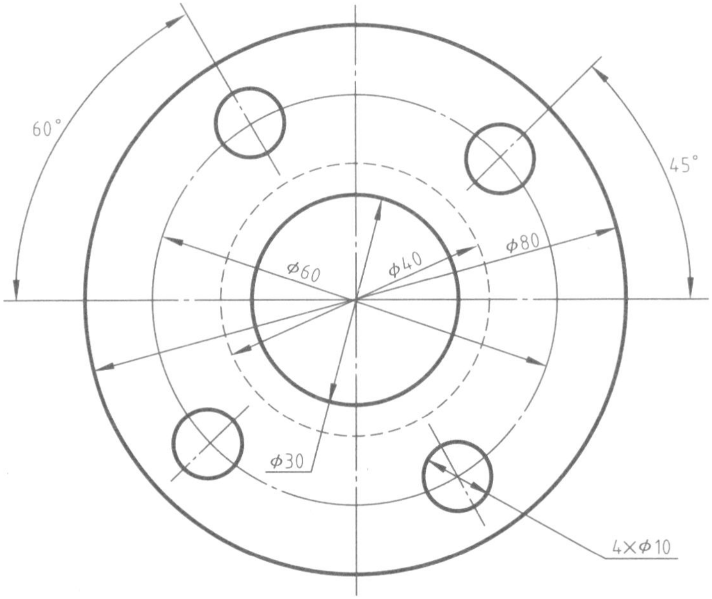

2-3　图线、斜度、锥度练习：根据图示尺寸，按 1：1 的比例抄画下列图形。

1.

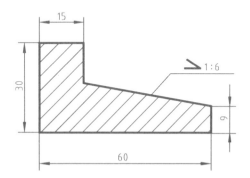

2.

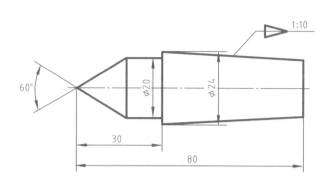

2-4　圆弧及切线连接练习：用 B5 图纸根据下图尺寸按 1：1 的比例抄画平面图形（注意绘图顺序：先画已知线，再画中间线，最后画连接线）。

1.

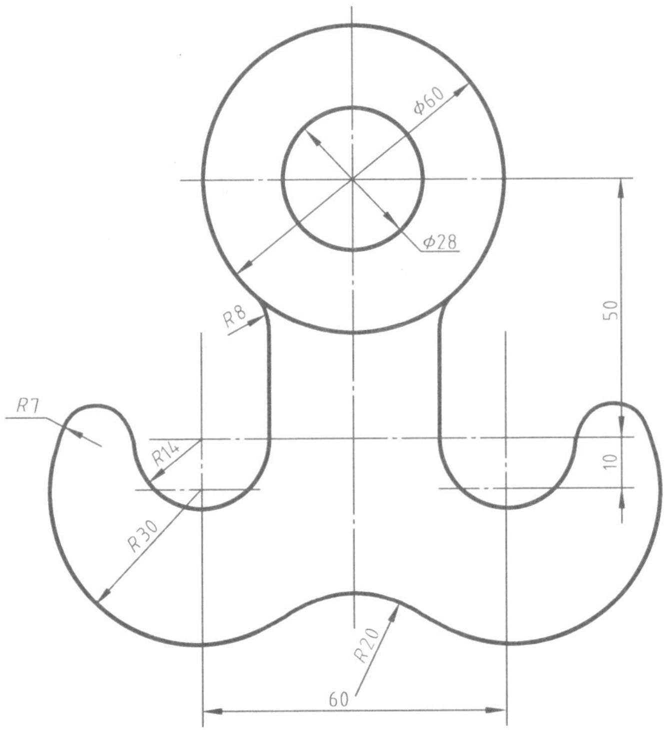

2.

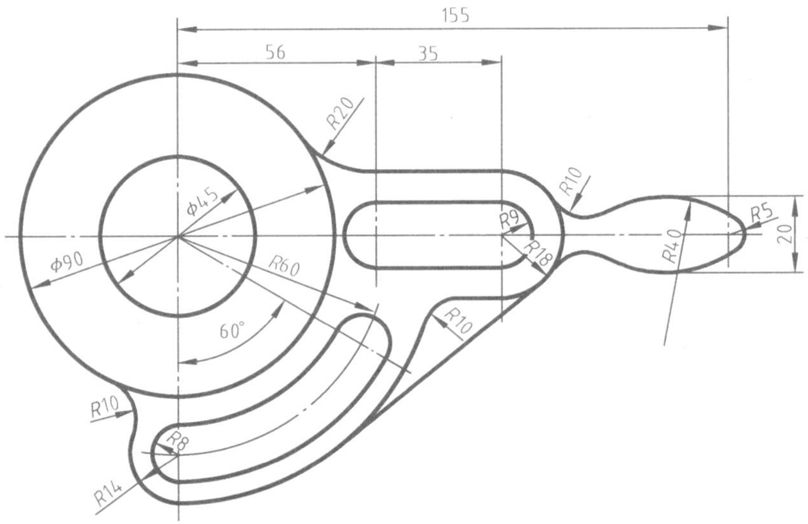

3-1　已知空间点 *A*、*B*、*C*，求作它们的三面投影。	3-2　已知空间点 *A*、*B*、*C*、*D* 的两个投影，求作其第三投影。
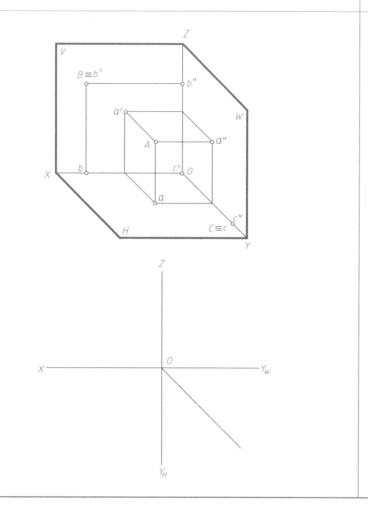	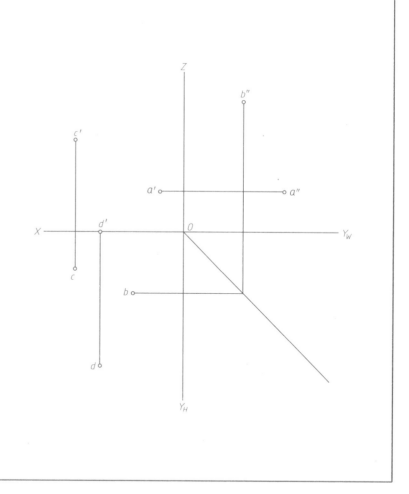

3-3　已知空间点 B 在点 A 的左方 12mm，下方 18mm，后方 10mm，求作点 B 的三面投影。	**3-4**　已知点 B 是点 A 对 W 面的重影点，点 B 距 W 面 10mm，点 C 在 H 面内，且在点 A 的正下方，求作点 B、C 的三面投影。

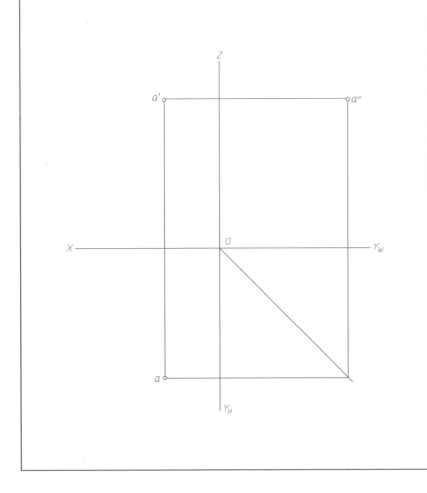

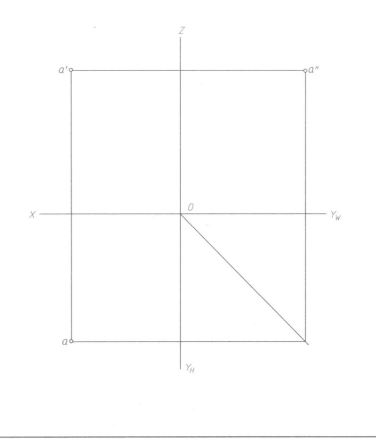

3-5 已知点 *A* 的正面投影和点 *B* 的水平投影，点 *A* 到 *H* 面、*V* 面的距离相等，点 *B* 到 *H* 面、*W* 面的距离都相等，求点 *A* 和点 *B* 的其他两面投影。	**3-6** 已知端点 *A*（36，10，12），*B*（10，35，36），求作直线 *AB* 的三面投影。

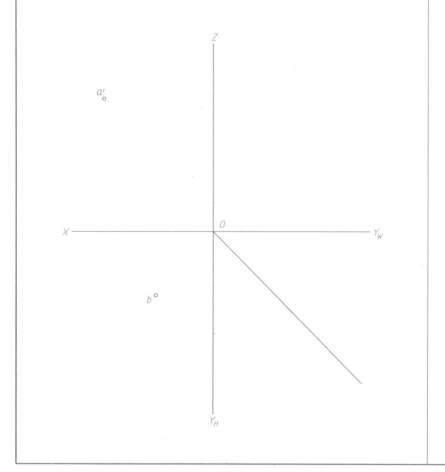

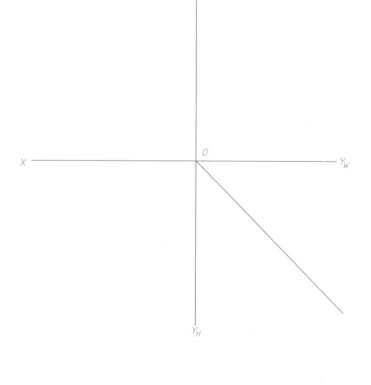

| 3-7　在直线 *AB* 上取一点 *C*，使点 *C* 距 *H* 面25mm，求作点 *C* 的两面投影。 | 3-8　求作直线 *AB* 上点 *C* 的正面投影。 |

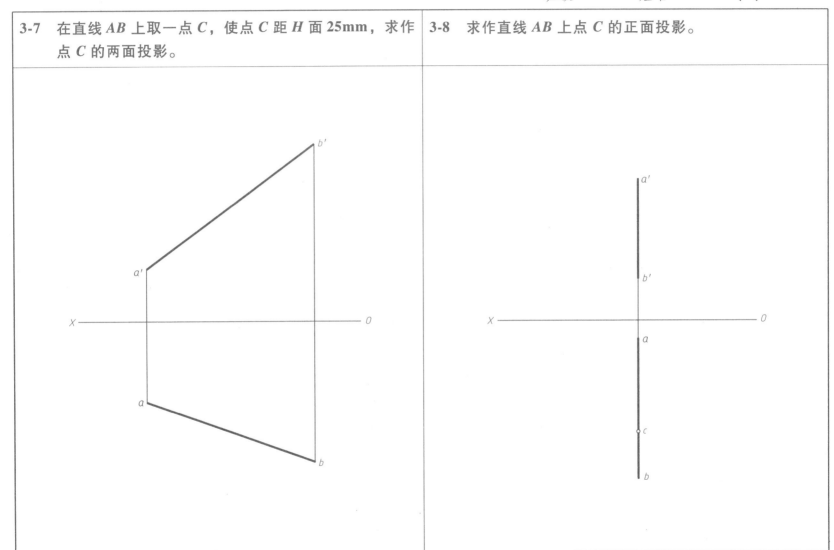

3-9 判断两直线 *AB* 与 *CD* 的相对位置（平行、相交、交叉）。

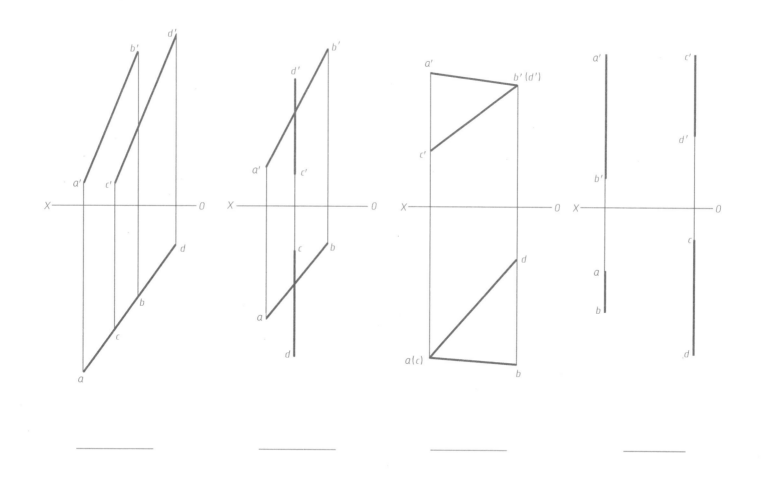

3-10 过已知点 *E* 作直线 *EF* 与直线 *AB*、*CD* 都相交。	3-11 过点 *A* 作一直线 *AB* 平行于直线 *EF*，且与直线 *CD* 相交于点 *B*，求直线 *AB* 的水平、正面投影和直线 *CD* 的水平投影。
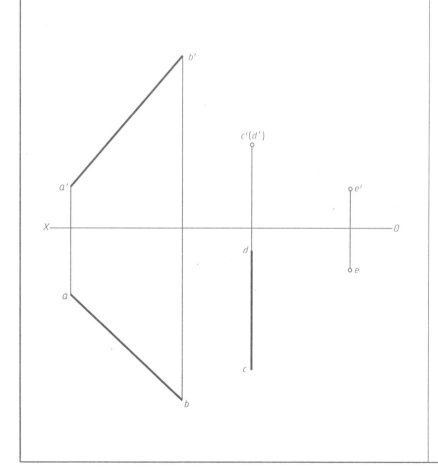	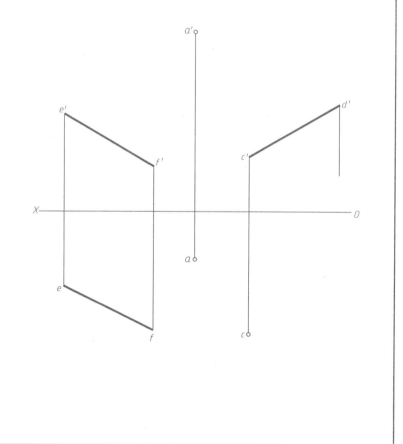

3-12 已知直线 *AB*、*CD*、*EF*。作水平线 *MN*，与直线 *AB*、*CD*、*EF* 分别交于点 *M*、*S*、*T*，点 *N* 在 *V* 面之前 10mm。

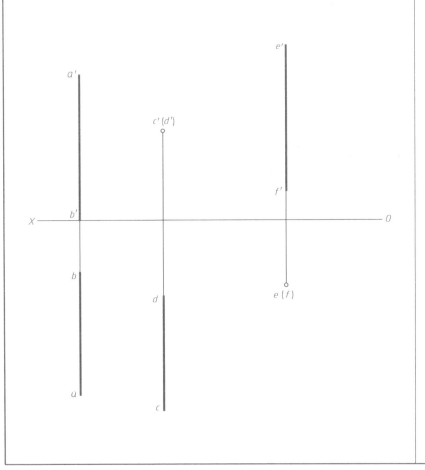

3-13* 作正平线 *EF*，距离 *V* 面 35mm，且与两直线 *AB*、*CD* 都相交。

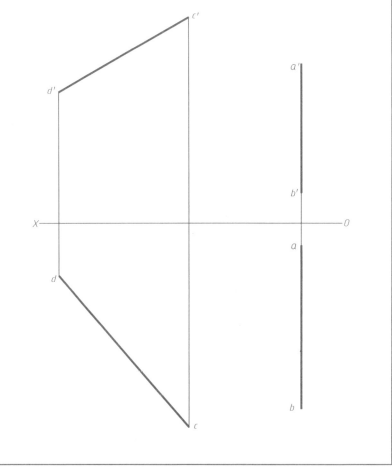

3-14　完成下列平面图形的第三面投影，并作出平面上点 M 的其他两面投影。

1.

2.

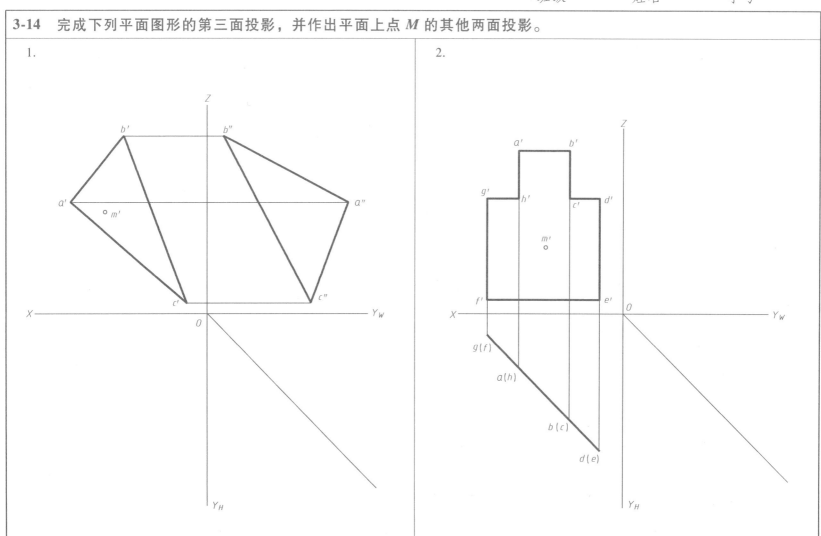

3-15　判断下列平面是什么位置平面。

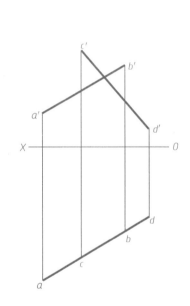

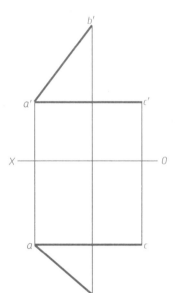

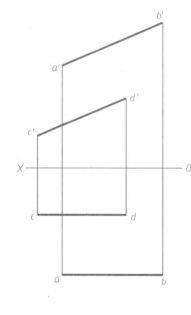

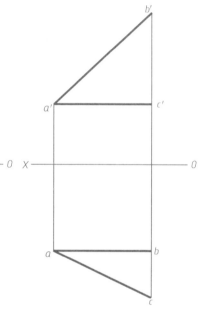

3-16　试在已知平面上作特殊位置直线。

1. 作水平线 *AE* 的两面投影，*AE* 长 30mm，点 *E* 在直线 *BC* 上。

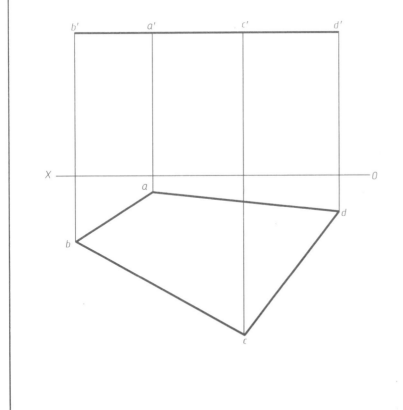

2. 在平面 *ABC* 上作正平线 *MN* 的两面投影，使正平线 *MN* 距离 *V* 面 25mm。

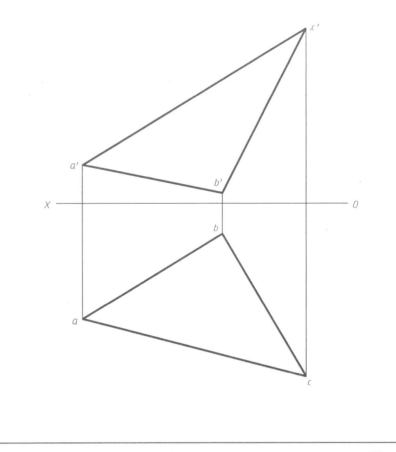

3-17　完成平面五边形 *ABCDE* 的两面投影。	3-18　已知平面四边形 *ABCD* 中，*CD* 为水平线，完成其 　　　正面投影。

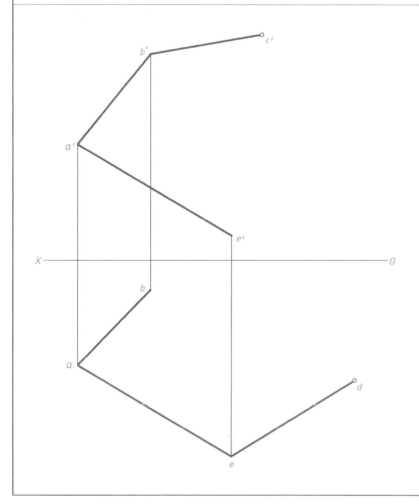

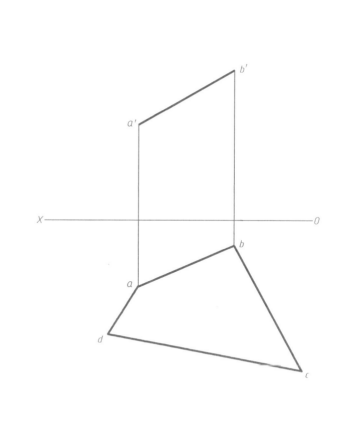

3-19* 　包含直线 *AB* 任作一个三角形，表示下列平面（不作侧面投影）。

1. 侧垂面。

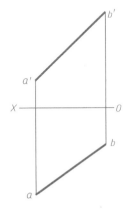

2. 一般位置平面。

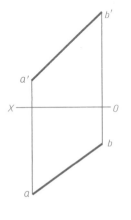

3-20* 　平面四边形 *ABCD* 中，点 *D* 在 *V* 面内，距 *H* 面 35mm。完成平面四边形 *ABCD* 的两面投影。

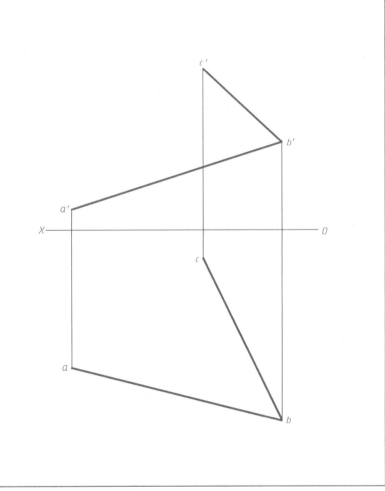

4-1　补画三棱柱的 **W** 面投影及表面上点 **A**、**B**、**C** 的其他投影。

4-2　补画三棱锥表面上线段 **EF**、**FG** 的其余两个投影。

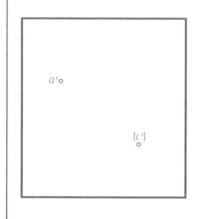

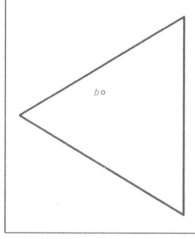

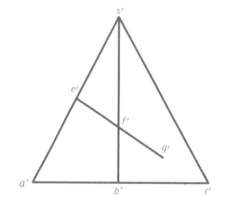

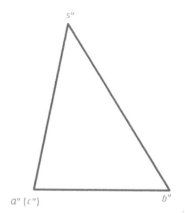

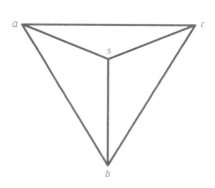

4-3 求作圆柱体的正面投影，并完成其表面上点、线的正面投影。	4-4 求作圆锥体表面上点、线的其余两个投影。

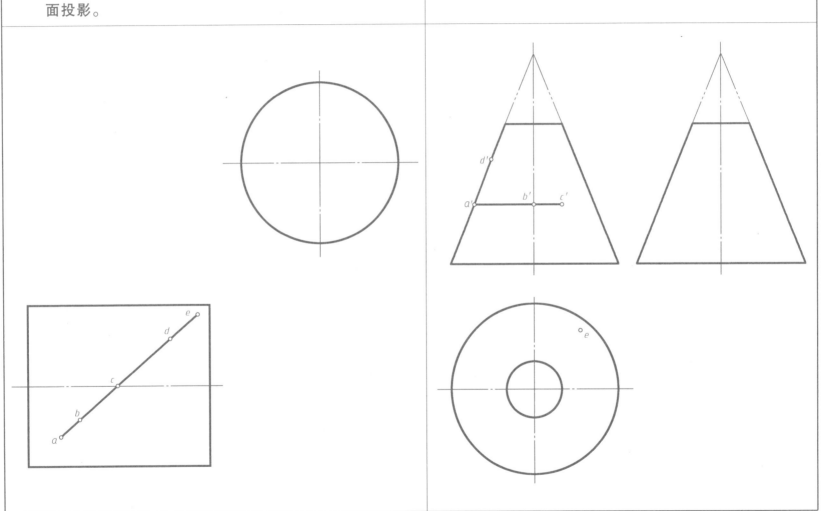

4-5 求作圆球体表面上点、线的其余两个投影。	4-6 已知圆环体表面上点 *A*、*B*、*C* 的一个投影，求作其另一个投影。

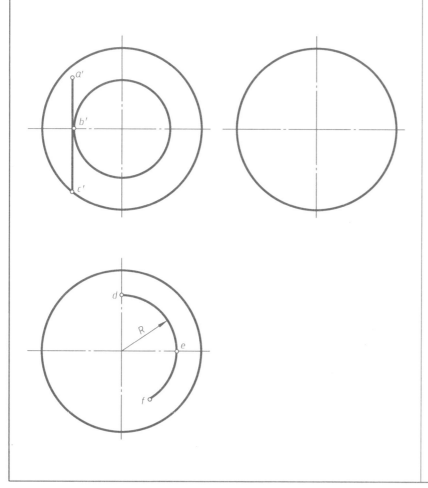

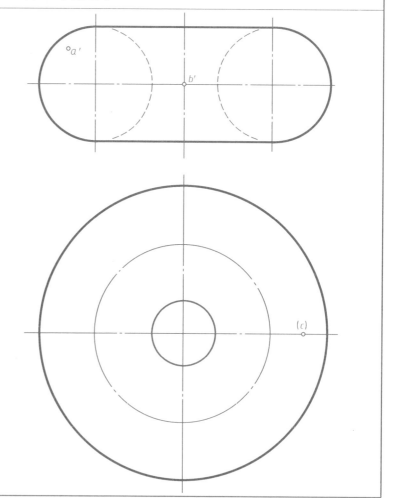

4-7　补画四棱锥被截切后的水平投影。 | **4-8　求作四棱柱被截切后的侧面投影。**

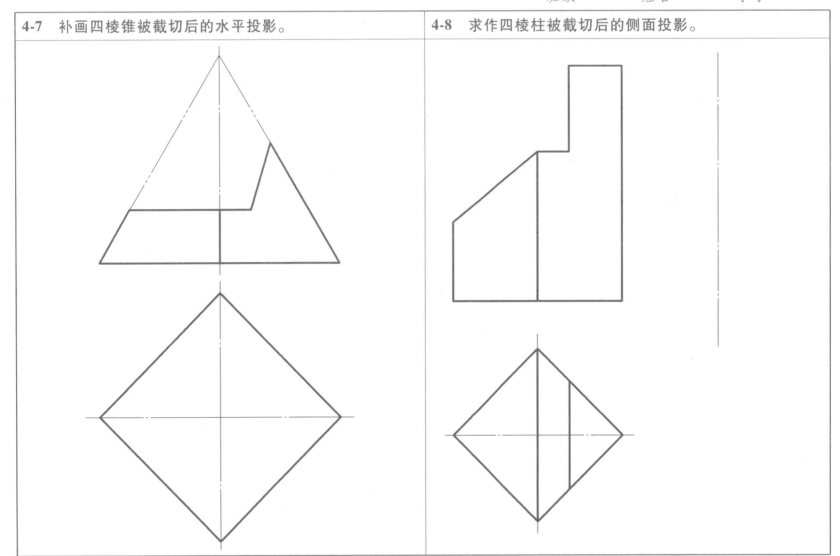

4-9　求作五棱柱被截切后的侧面投影。	4-10　求作六棱柱被截切后的侧面投影。

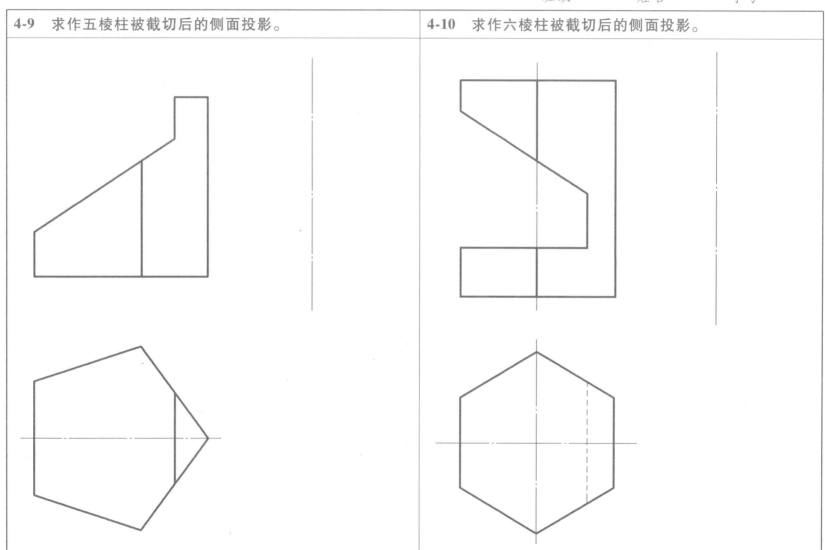

4-11 完成圆柱体被截切后的侧面投影。	4-12 完成圆柱体被截切后的侧面投影。

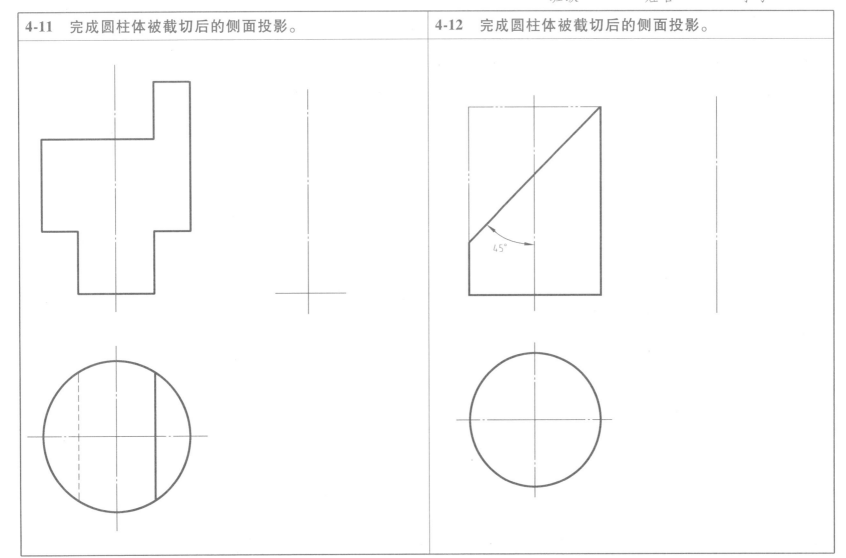

4-13 完成圆柱体被截切后的侧面投影。

4-14 完成空心圆柱体被截切后的侧面投影。

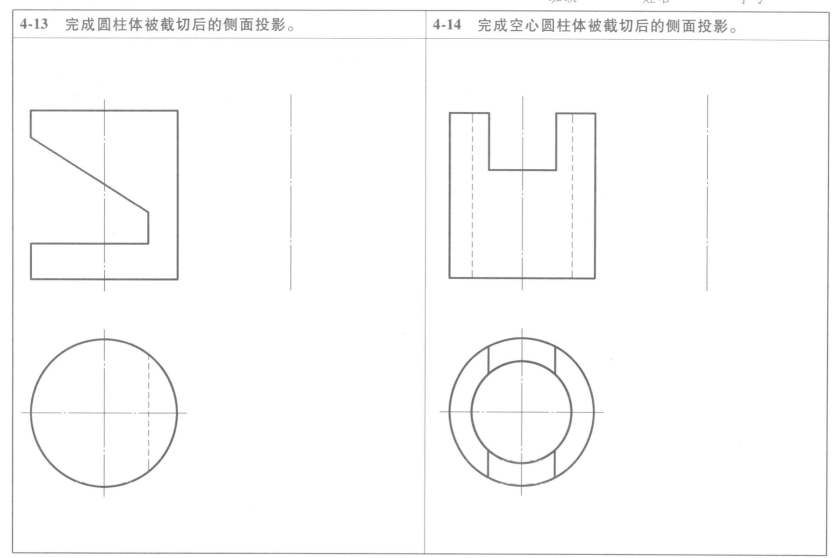

4-15　完成圆锥体被截切后的水平投影和侧面投影。　|　**4-16**　完成半圆球体被截切后的水平投影和侧面投影。

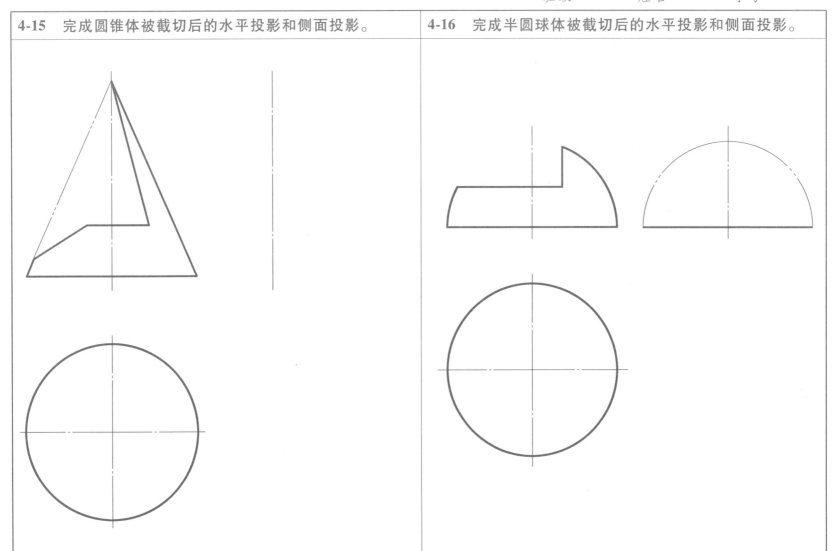

4-17　完成圆柱体被截切后的侧面投影。

4-18　完成圆柱体被截切后的侧面投影。

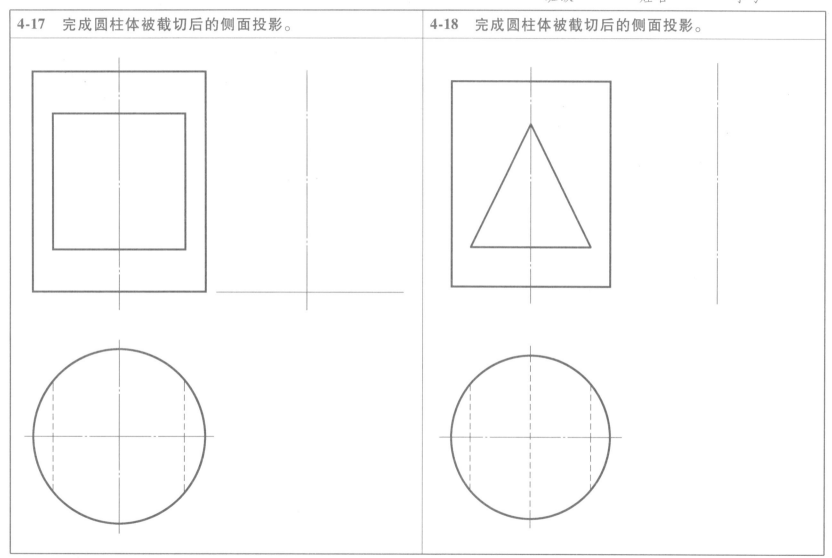

4-19*　完成立体被截切后的侧面投影。　　　　　**4-20*　完成立体被截切后的侧面投影。**

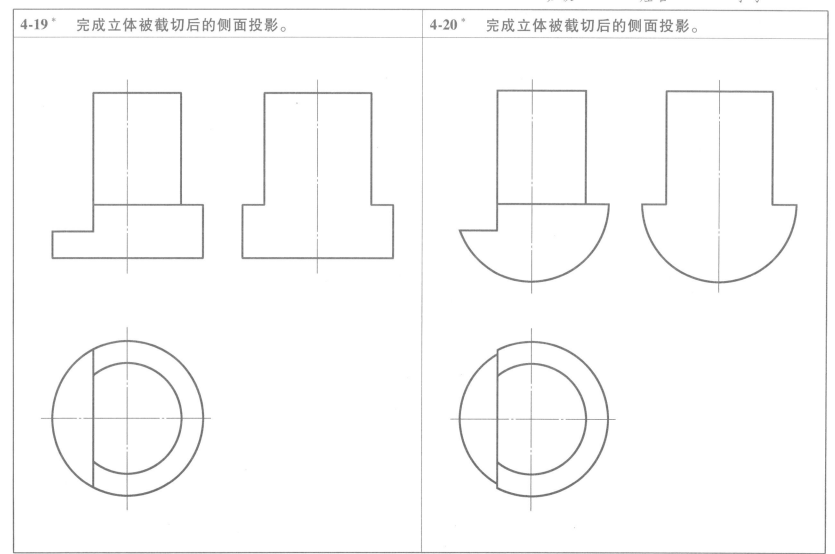

4-21[*]　完成组合回转体被截切后的水平投影。

4-22　画出立体相贯线的正面投影。

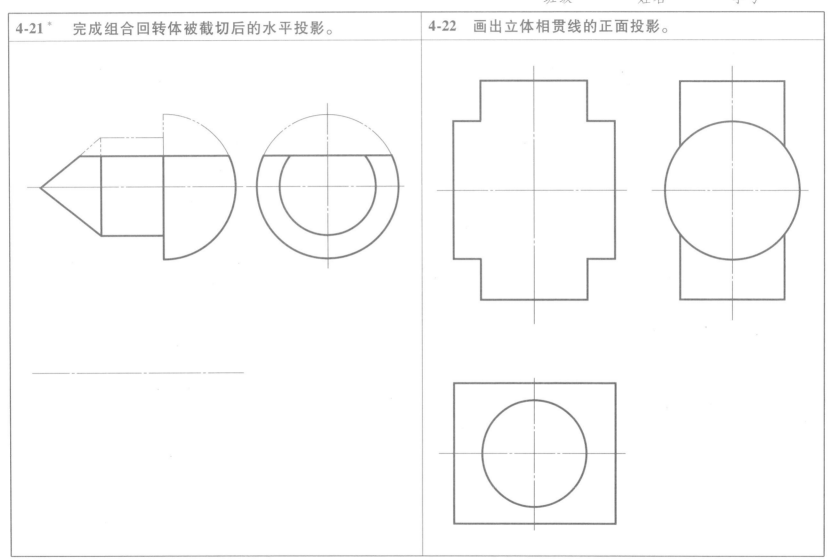

4-23 画出立体相贯线的正面投影。

1.

2.

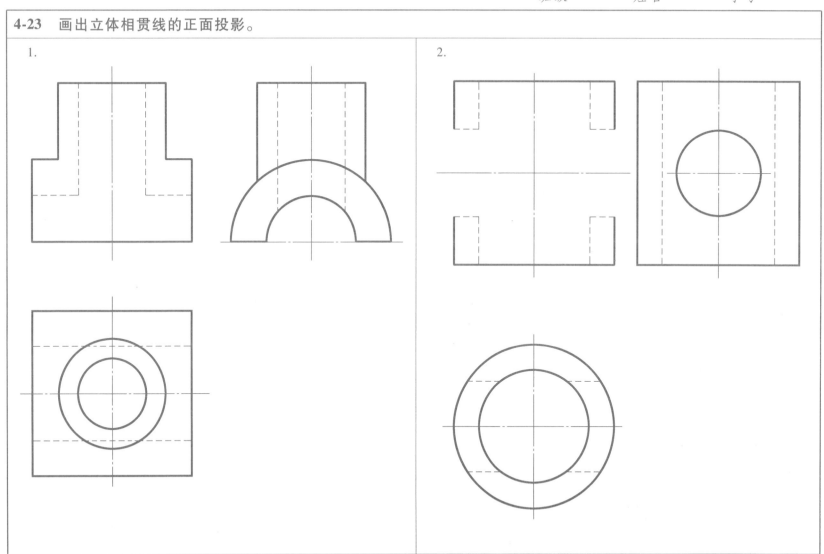

4-24*　画出立体的侧面投影。　　**4-25*　画出立体的正面投影。**

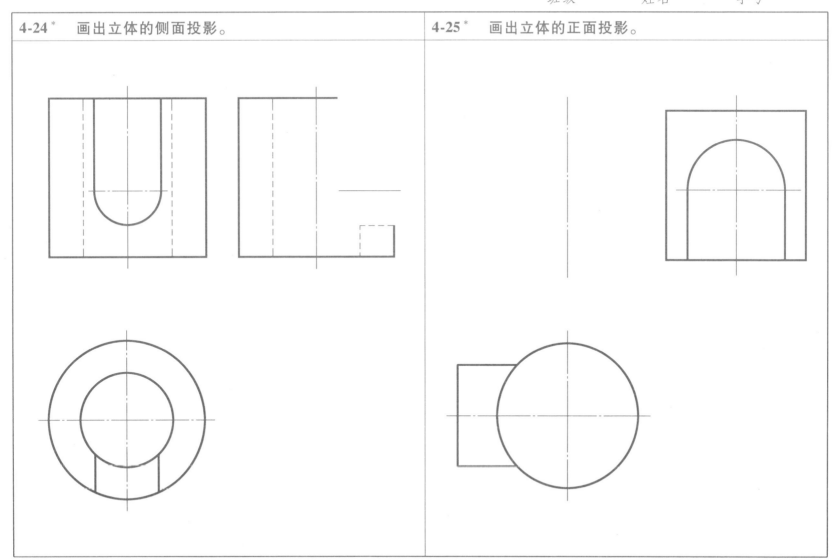

4-26* 求作立体的水平投影。

4-27* 画出立体相贯线的正面投影和水平投影，并补全轮廓线。

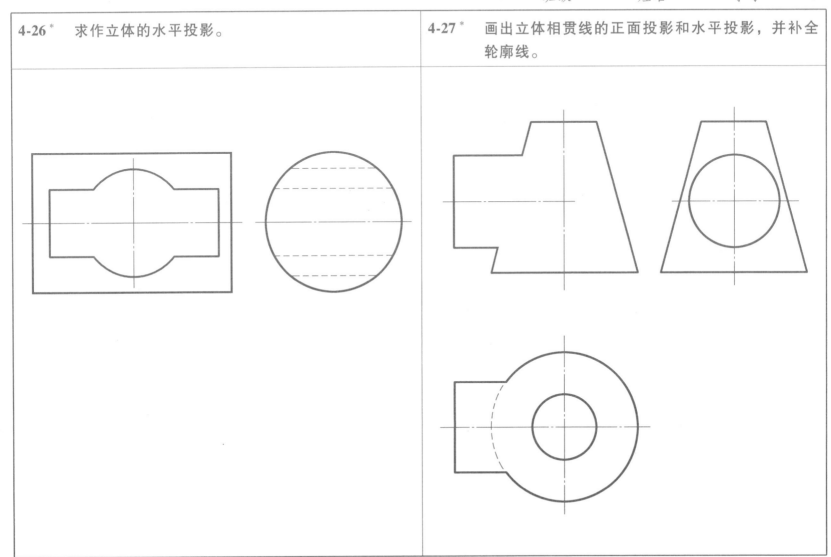

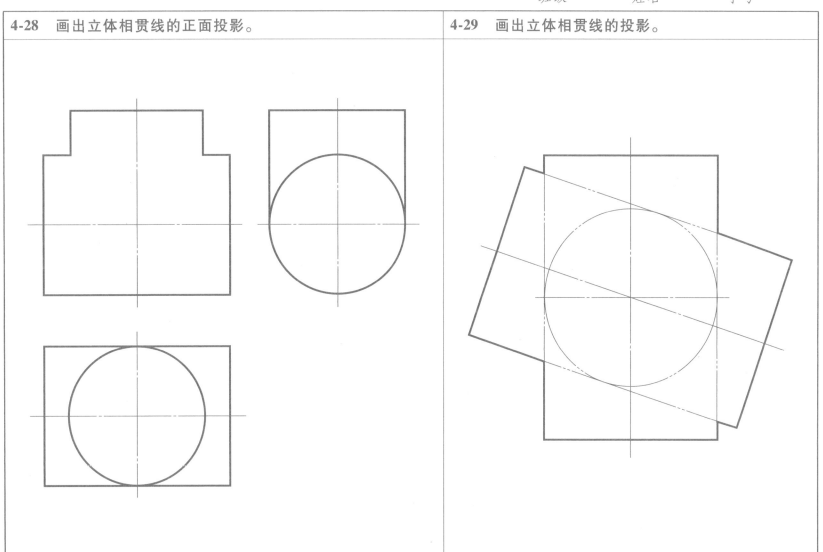

4-28 画出立体相贯线的正面投影。

4-29 画出立体相贯线的投影。

4-30　画出圆柱与圆锥相贯线的投影。

4-31　画出球与同轴线回转体相贯线的正面投影和水平投影。

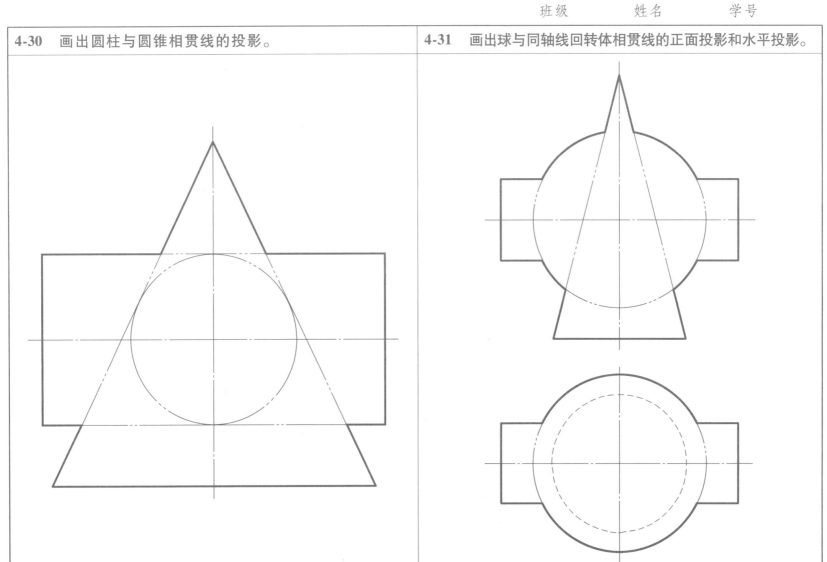

4-32 [*] 补画立体的正面投影。

1.

2.

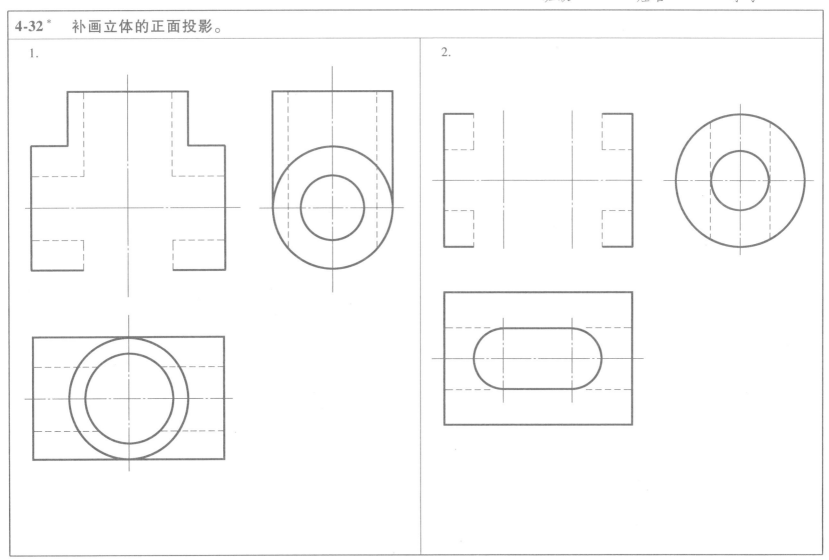

4-33　补画立体三面投影图上所缺的图线。

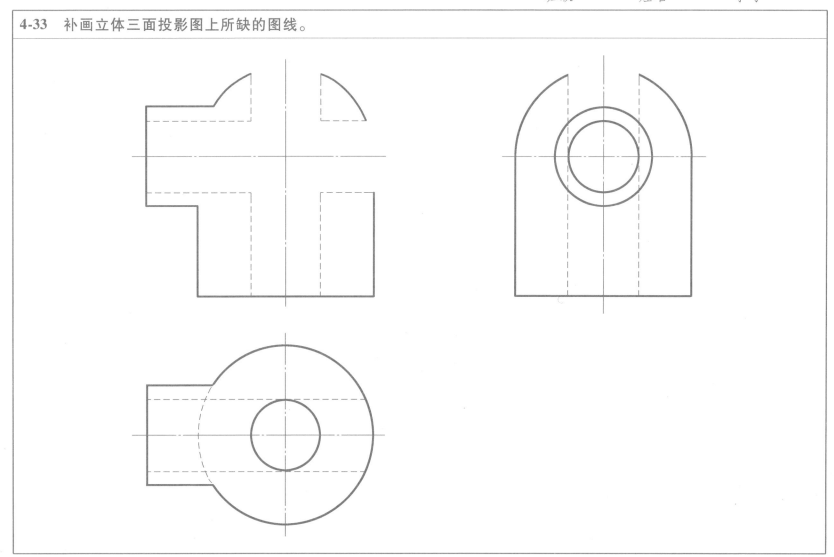

4-34*　画出立体相贯线的投影。

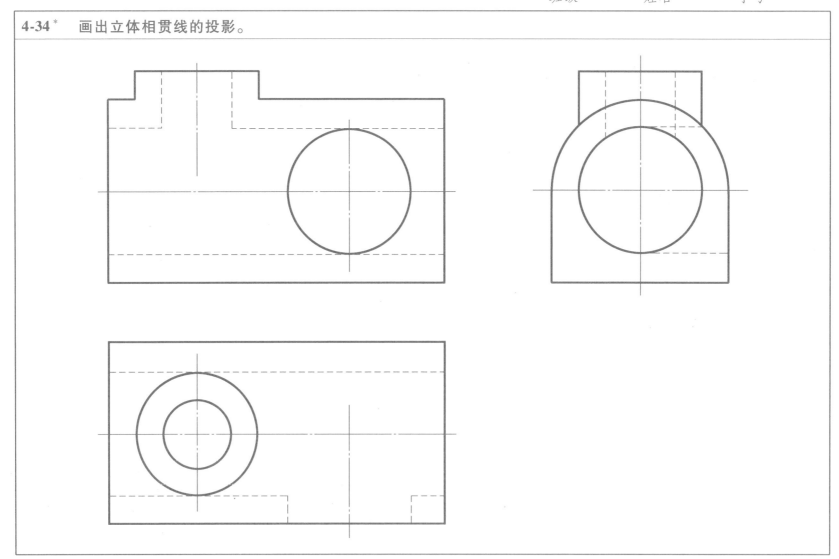

4-35 * 　用相贯线的简化画法求作立体正面投影中的相贯线，根据作图结果总结相贯线的变化趋势。

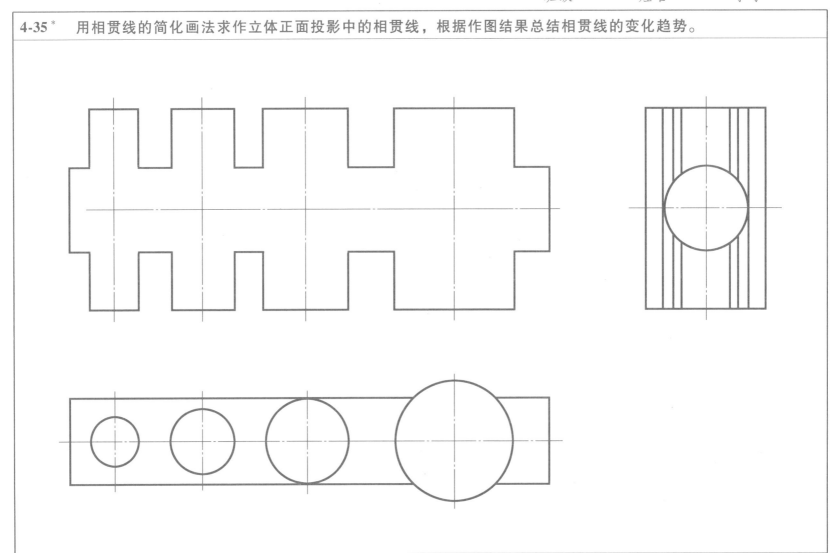

4-36* 求作立体正面投影中的相贯线，根据作图结果总结相贯线的变化趋势。

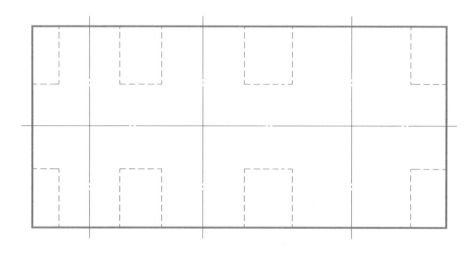
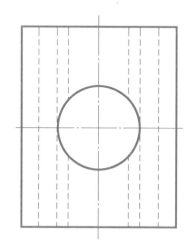

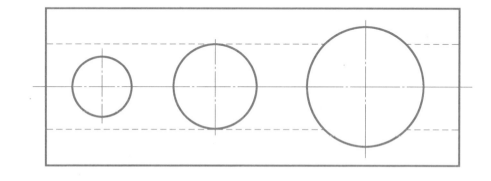

5-1　根据立体图及所注尺寸，用 1：1 的比例画出其三视图。

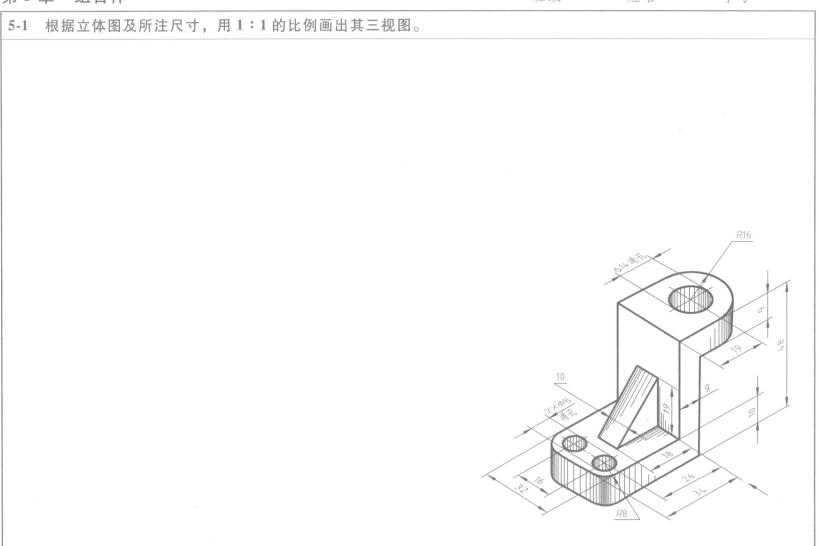

5-2 根据立体图及所注尺寸，用 1:1 的比例画出其三视图。

5-3 根据立体图及所注尺寸，用 1：1 的比例画出其三视图。

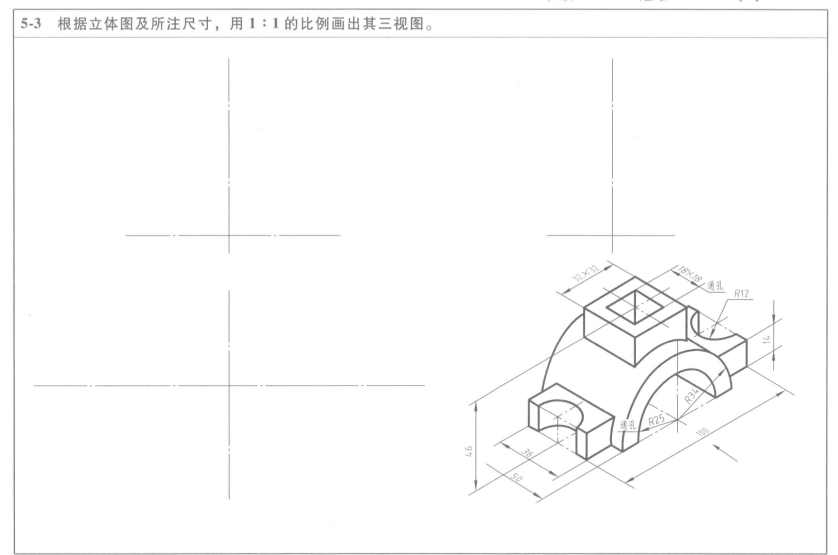

5-4　根据立体图补画视图中所缺的图线。

1.

2.

3.

4.

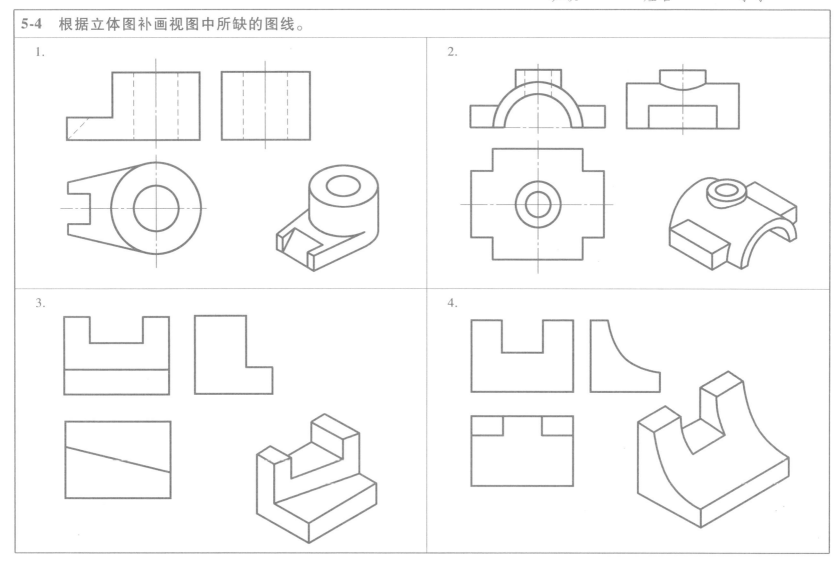

5-5　补画主视图中所缺的图线。

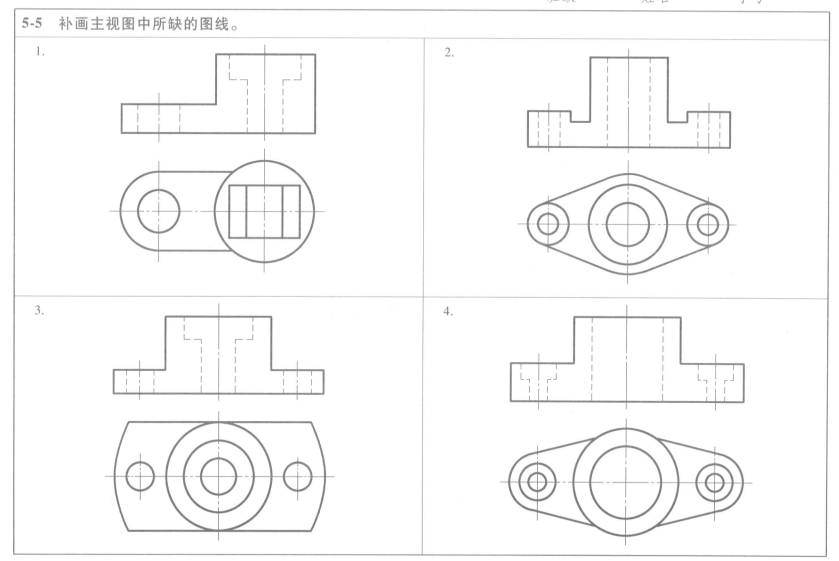

1.

2.

3.

4.

5-6 已知主视图和左视图，选择正确的俯视图并打"√"。

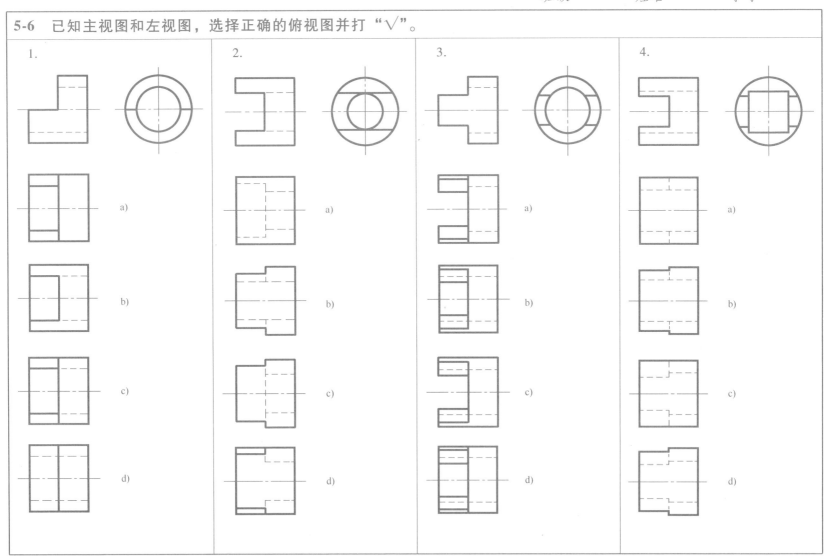

5-7　根据主视图和俯视图，补画其左视图。

1.

2.

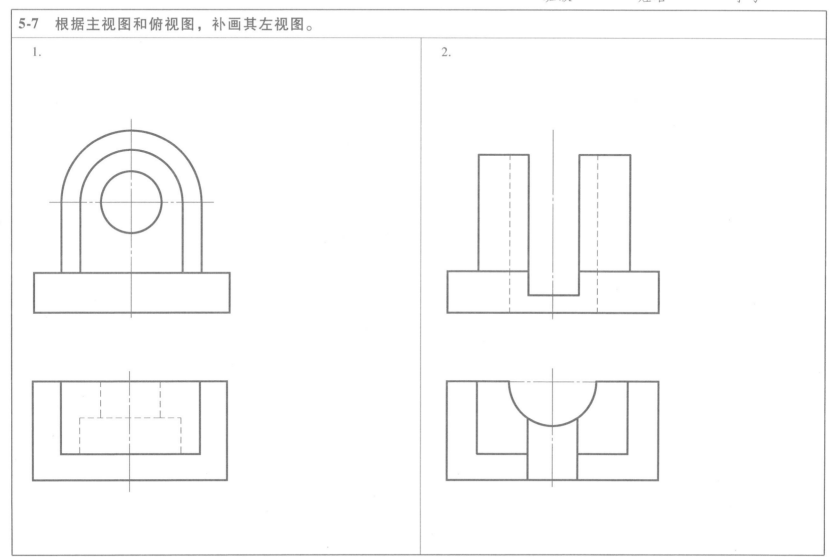

5-7　根据主视图和俯视图，补画其左视图（续）。

3.

4.

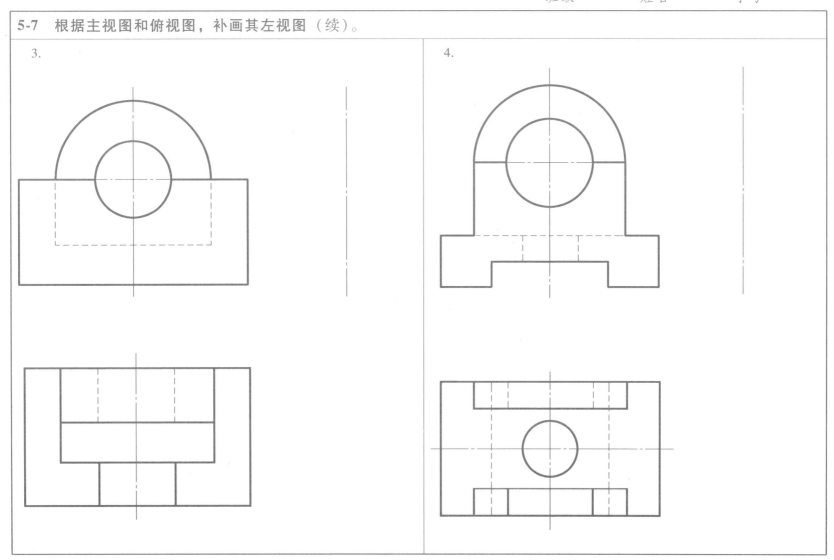

5-8　根据左视图和俯视图，补画其主视图。	5-9　根据主视图和俯视图，补画其左视图。

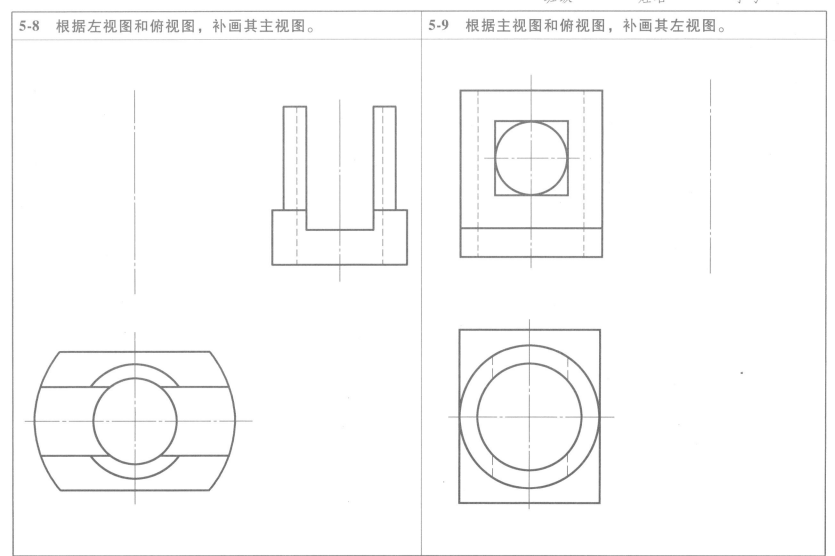

5-10　根据主视图和左视图，补画其俯视图。

1.

2.

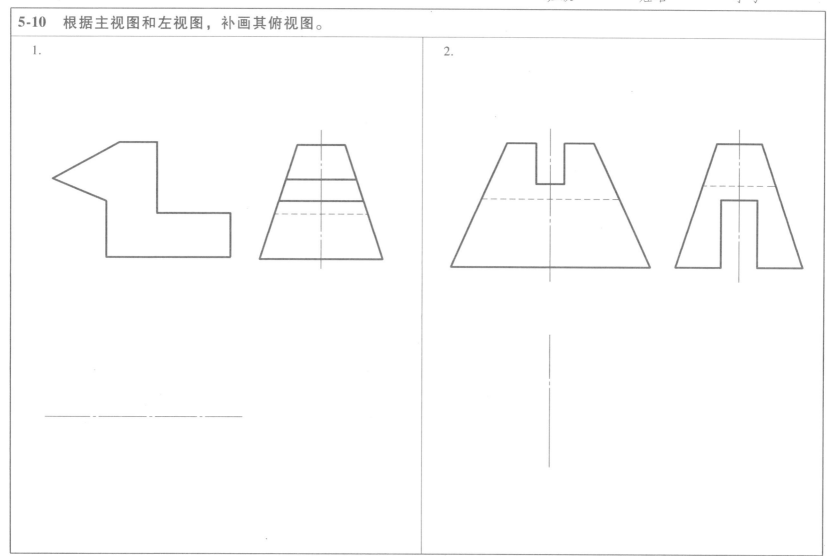

5-10　根据主视图和左视图，补画其俯视图（续）。	5-11* 　根据左视图和俯视图，补画其主视图。

3.

5-12　标注出全图中遗漏的尺寸，有尺寸线的加注尺寸数字（尺寸从图中 1 : 1 量取并取整）。

1.

2.

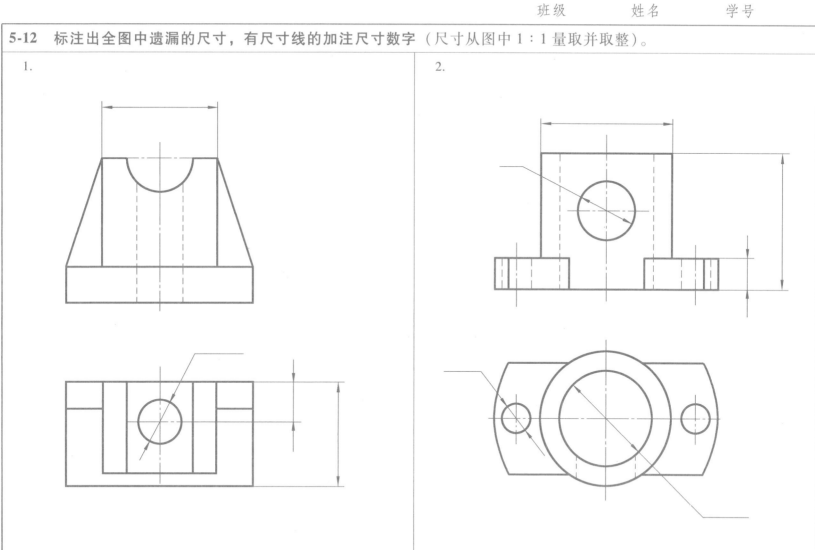

5-13　分析形体，标注尺寸（尺寸从图中按 1∶1 量取并取整）。

1.

2.

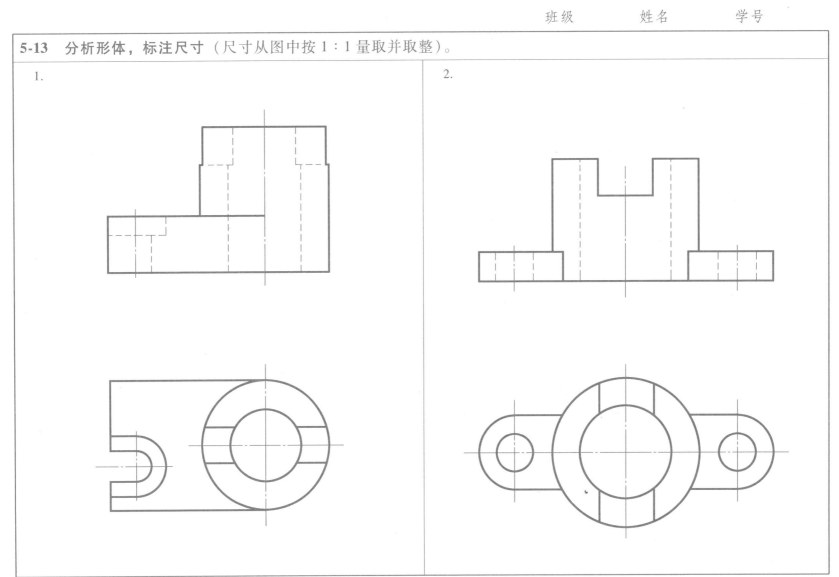

5-14　由两视图补画左视图并标注尺寸（尺寸从图中 1：1 量取并取整），用 2：1 的比例在 A3 图纸上画出其三视图。

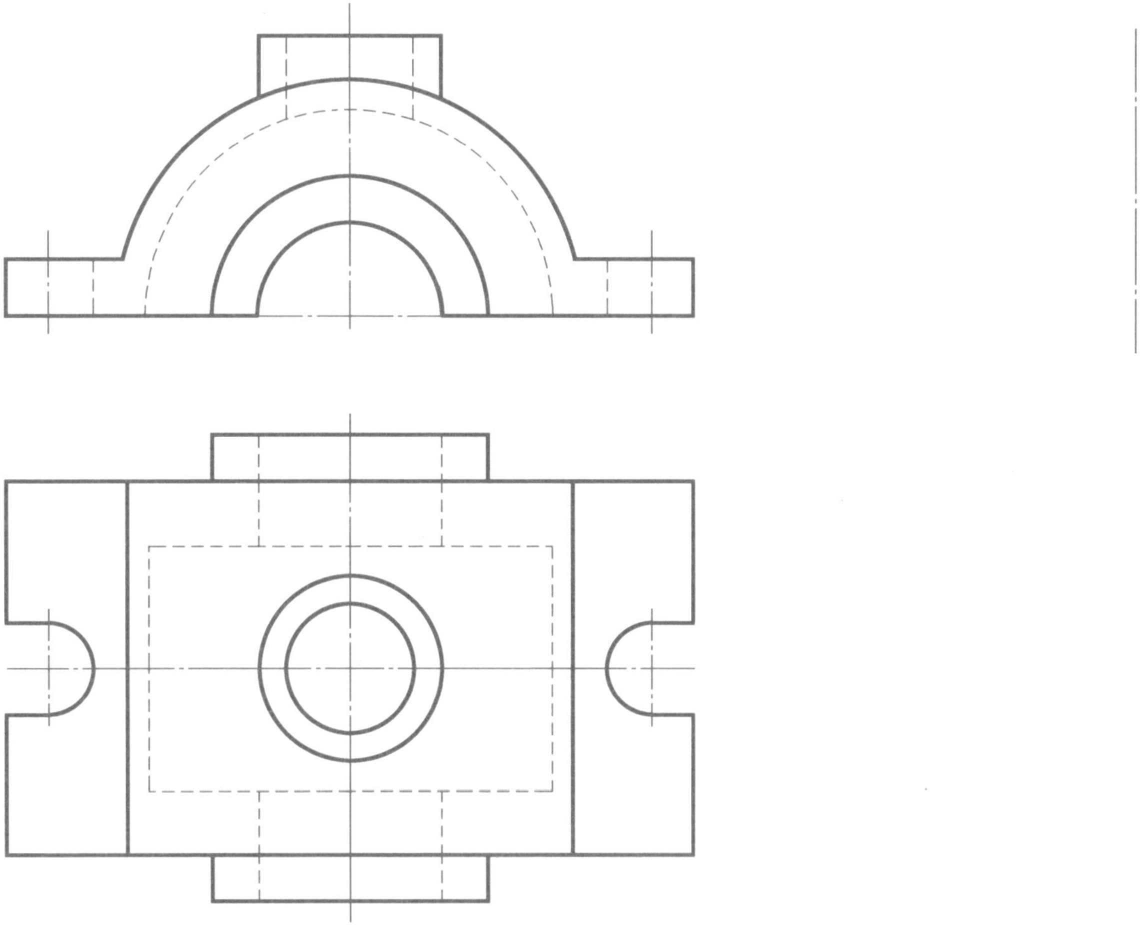

5-15　根据物体的立体图及所注尺寸，用适当的比例在 A3 图纸上画出其三视图。

1.

2.

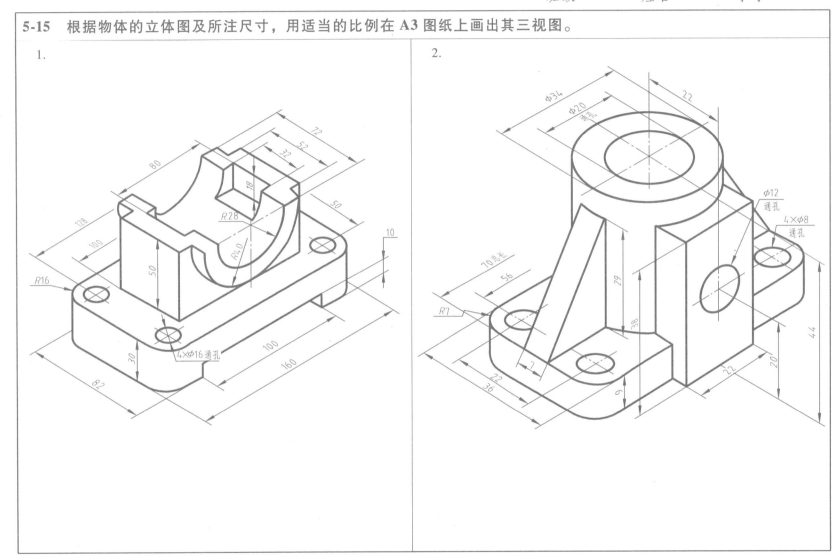

5-16 根据物体的立体图及所注尺寸（所有圆孔皆为通孔），用适当的比例在 A3 图纸上画出其三视图。

1.

2.

6-1　根据机件的轴测图及其主、俯、左三视图，补画其他三个基本视图（按照国家标准规定的视图展开画法绘制）。

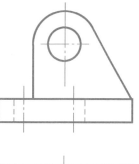
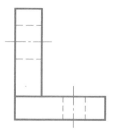
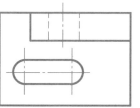

6-2　已知机件的主视图和立体图，用局部视图和斜视图将机件表达清楚。

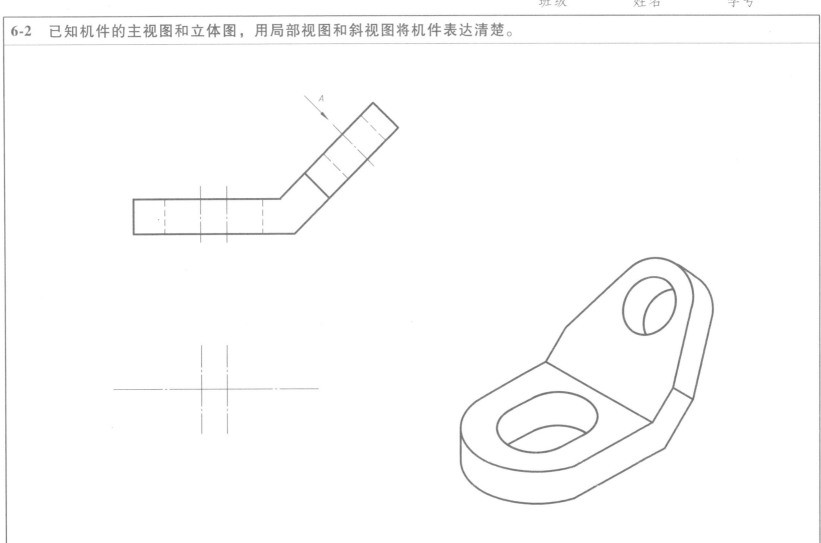

6-3 在指定位置将主视图改画成全剖视图。

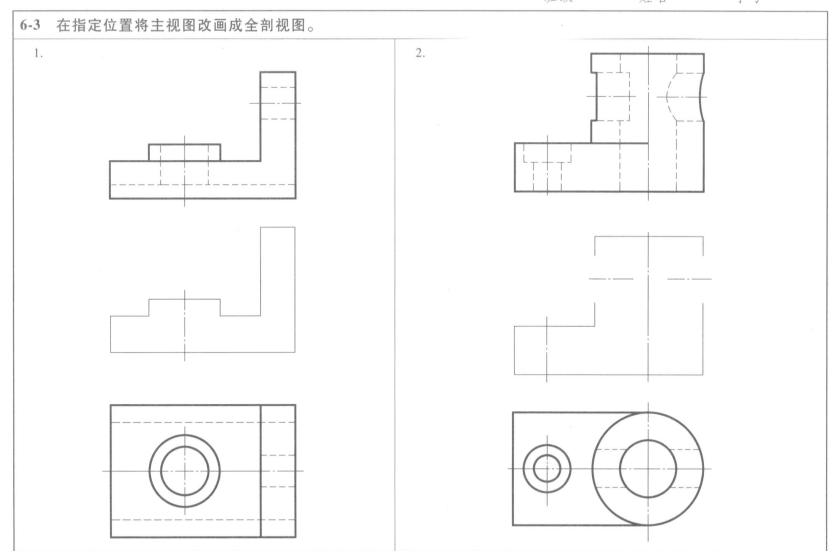

1.

2.

6-4　补画全剖视图中缺少的图线。

6-5　在指定位置将主视图改画成半剖视图。

1.

2.

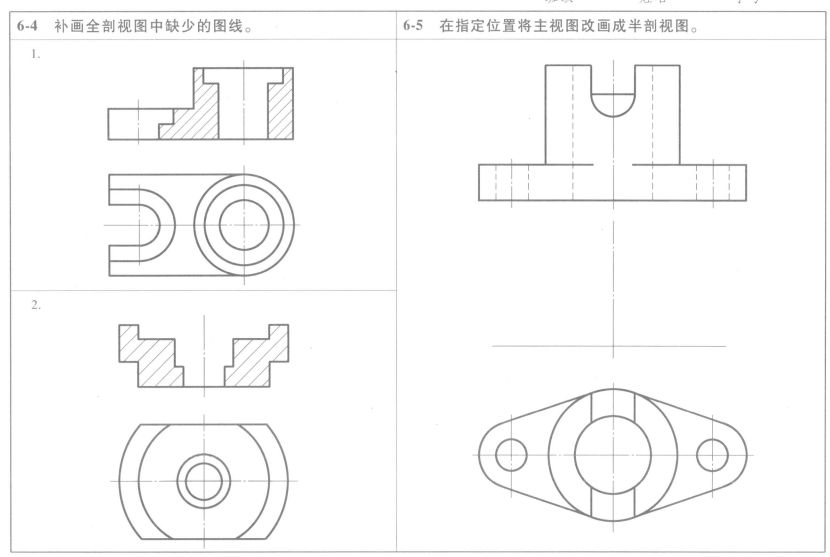

班级　　　　　姓名　　　　　学号

6-6　判断全剖视图中是否漏线，并补画。

1.

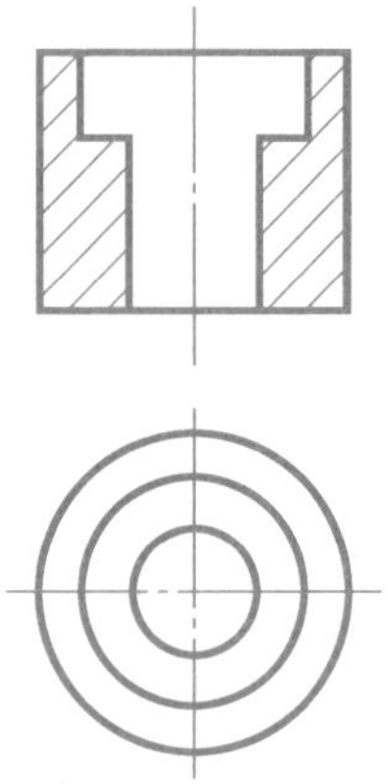

2.

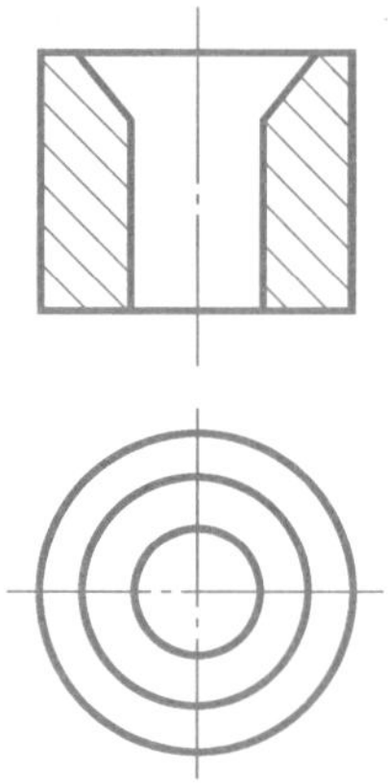

3.

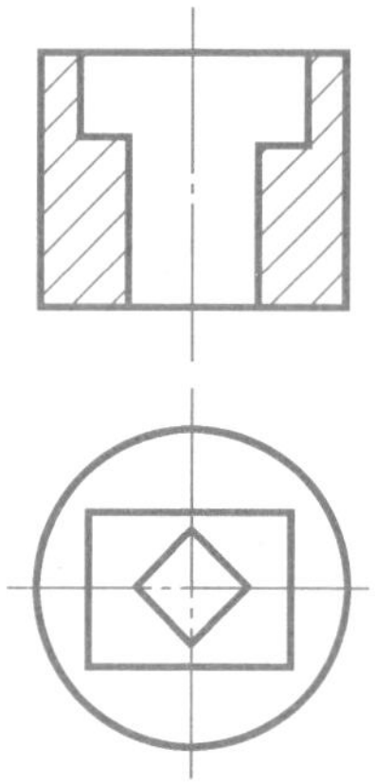

4.

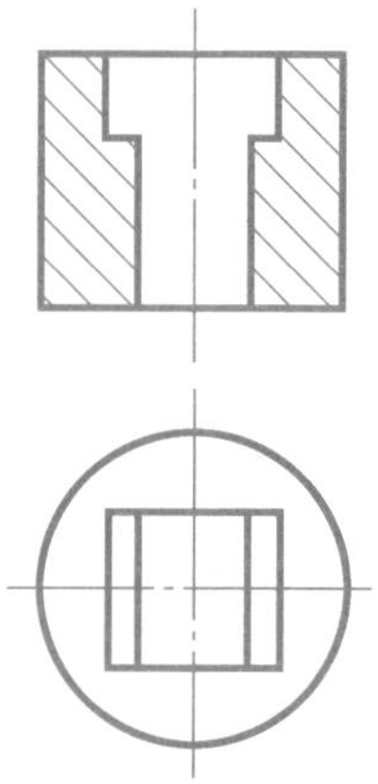

5.

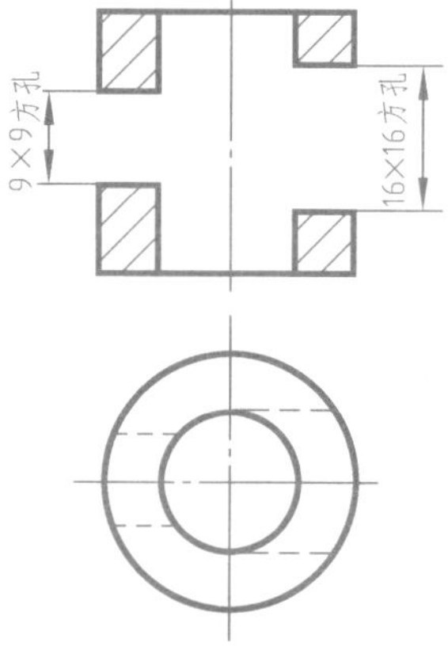

6.

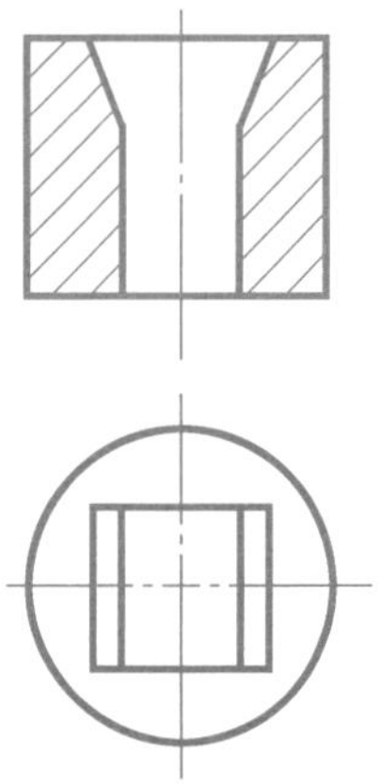

7.

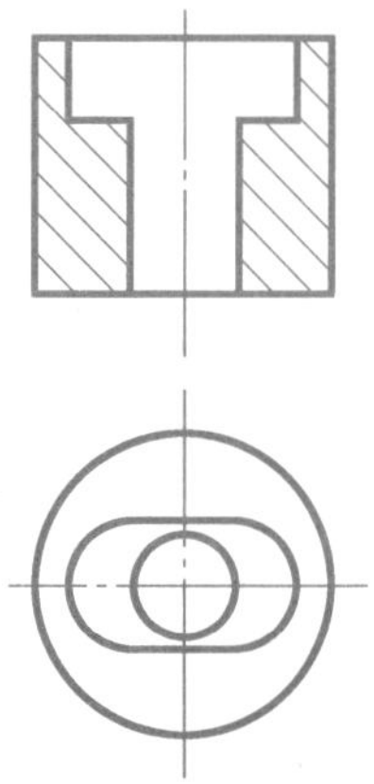

8.

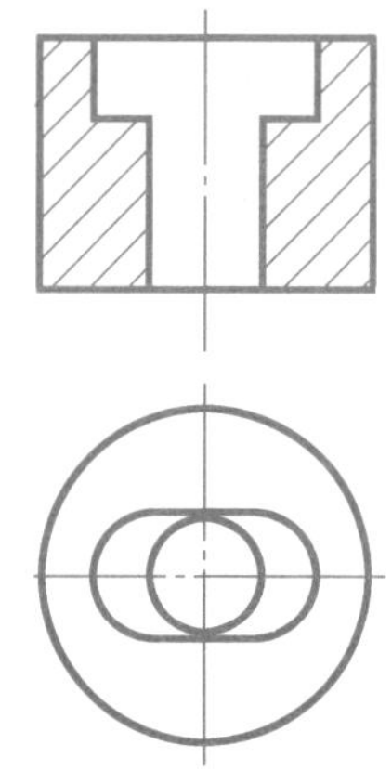

9.

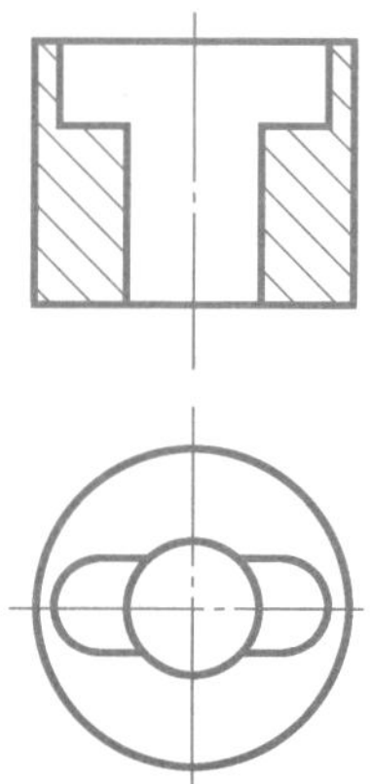

10.

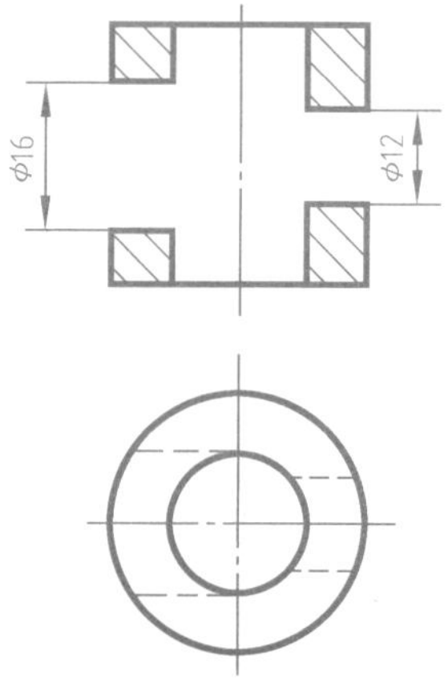

6-7 将主视图改画成半剖视图（不要的图线打"×"）。　　**6-8** 在指定位置将主视图改画成半剖视图。

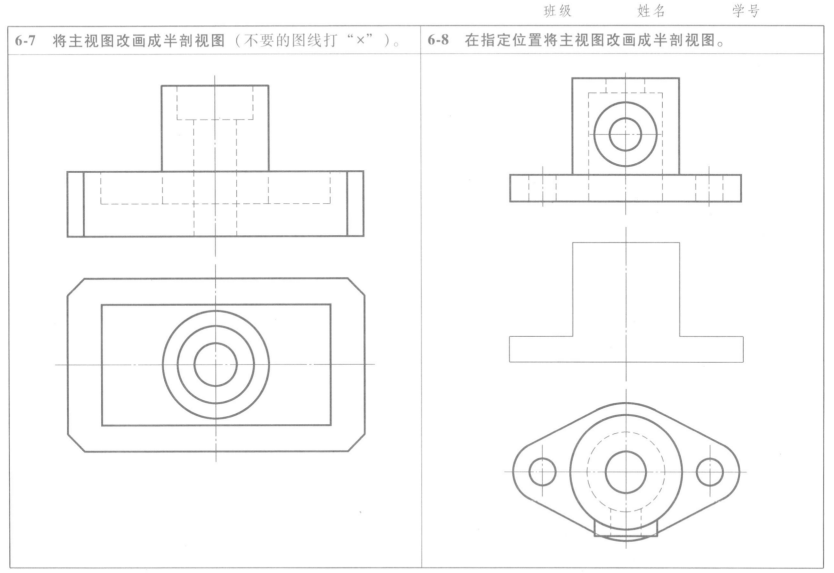

6-9　补画半剖视图中所缺少的图线。

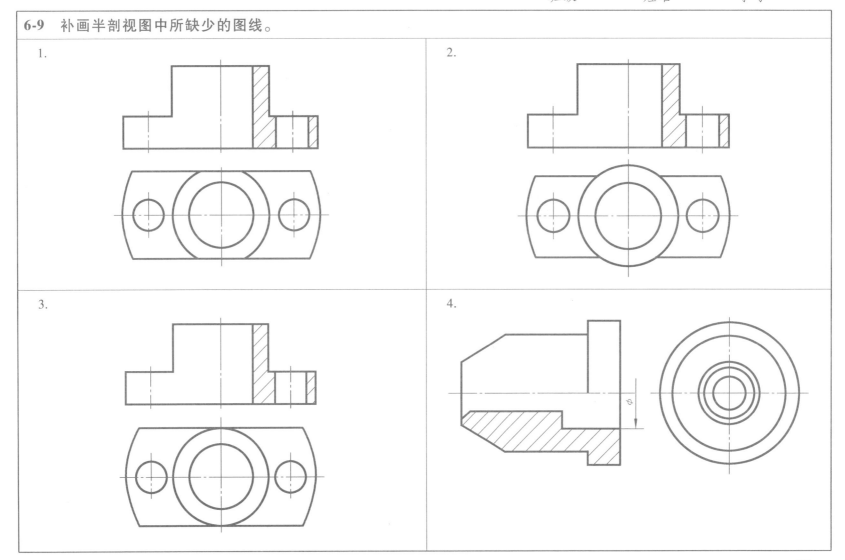

1.

2.

3.

4.

6-10 补画半剖视图中缺少的图线。

6-11 将给出的两个视图画成局部剖视图（不要的图线打"×"）。

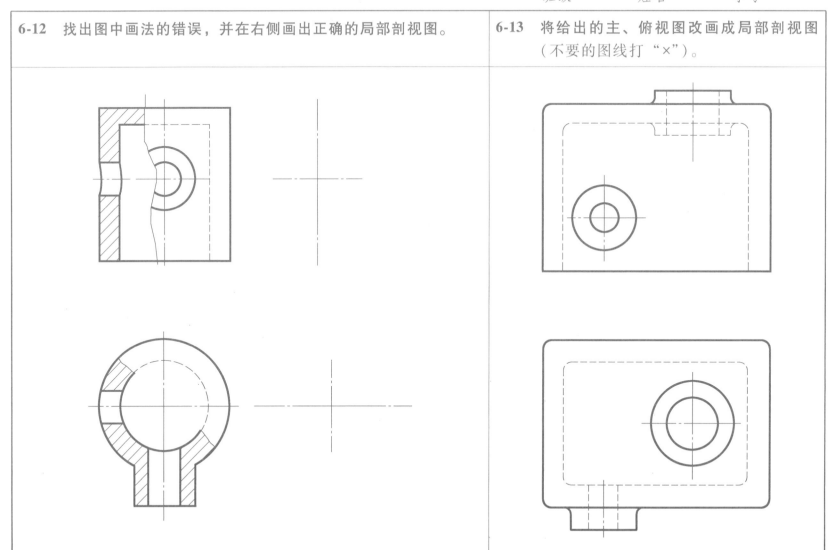

6-12 找出图中画法的错误，并在右侧画出正确的局部剖视图。

6-13 将给出的主、俯视图改画成局部剖视图（不要的图线打"×"）。

6-14　根据已知视图，在指定位置将主视图画成半剖视图，将左视图画成全剖视图。

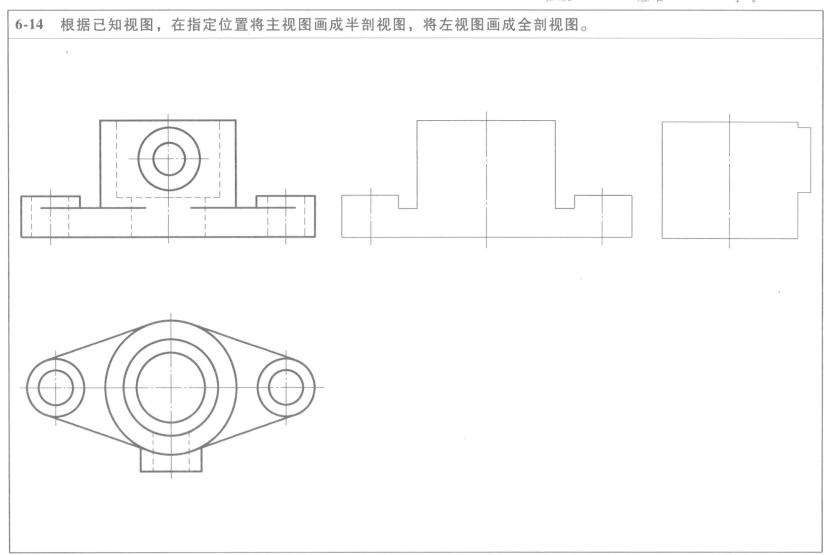

6-15 在指定位置将主视图改画成 *A—A* 全剖视图。

6-16 在指定位置将主视图画成全剖视图，并加标注。

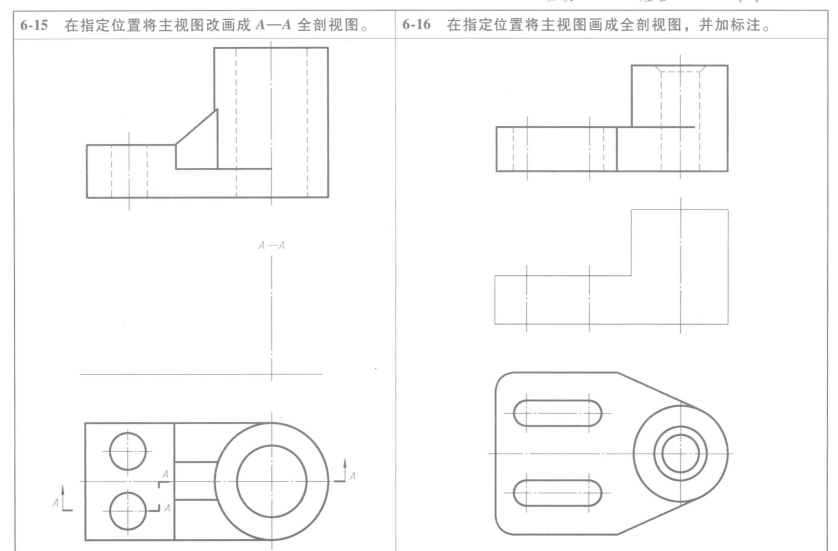

6-17　将主视图改画成 *A—A* 全剖视图。　　　　**6-18　在指定位置将主视图画成 *A—A* 全剖视图。**

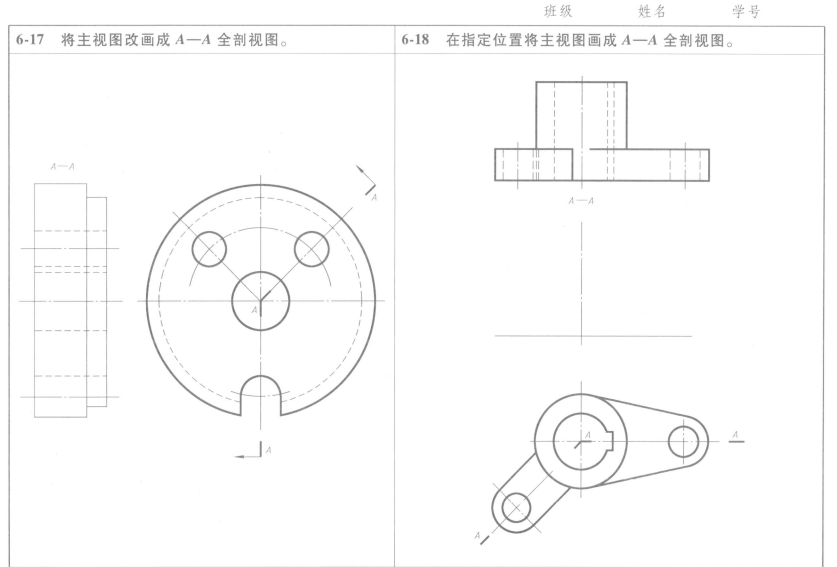

6-19 请选择正确的断面图，并在其下方的括号内画"√"。

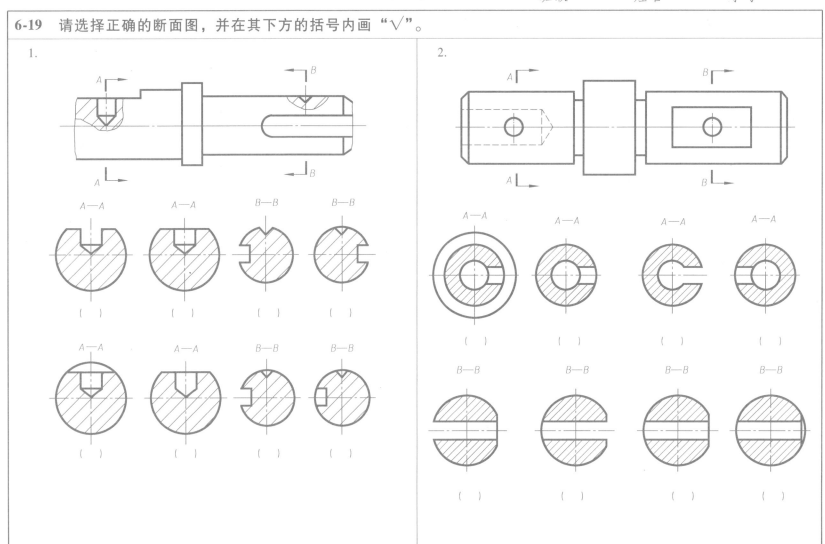

1.

2.

6-20 根据视图，画出移出断面图。其中左端直径 **22mm** 轴结构为前后对称平面，中间直径 **30mm** 轴、右端直径 **22mm** 轴上的键槽为单侧键槽，深 **3.5mm**。

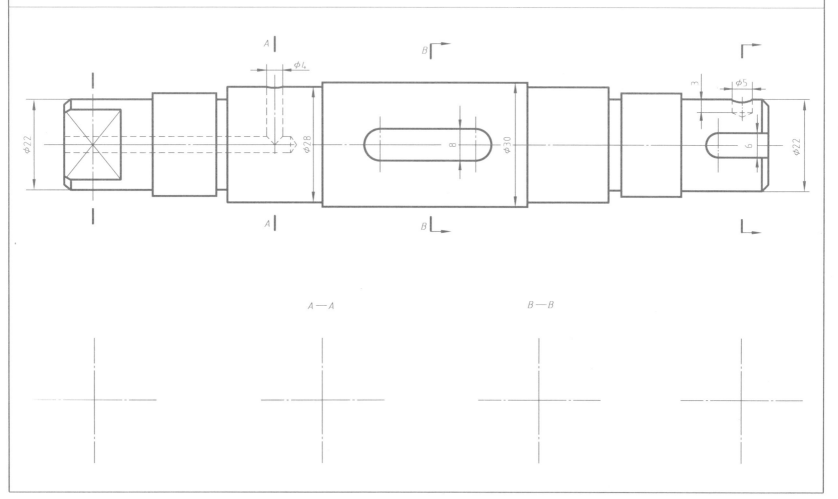

A — A   B — B

6-21 在俯视图中心线处画出十字肋板的重合断面图。　　　**6-22** 在指定位置将主视图画成全剖视图。

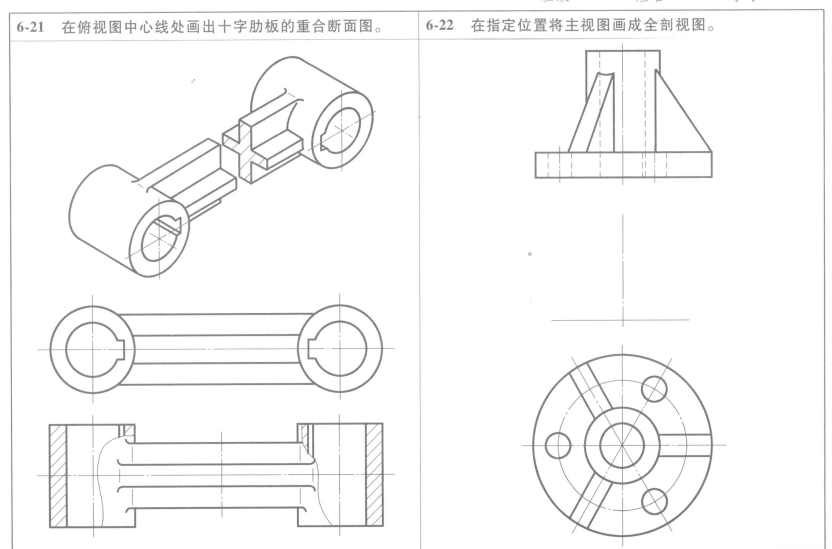

6-23 将主视图改画成局部剖视图，并在指定位置画出 *A—A* 和 *B—B* 的全剖视图。

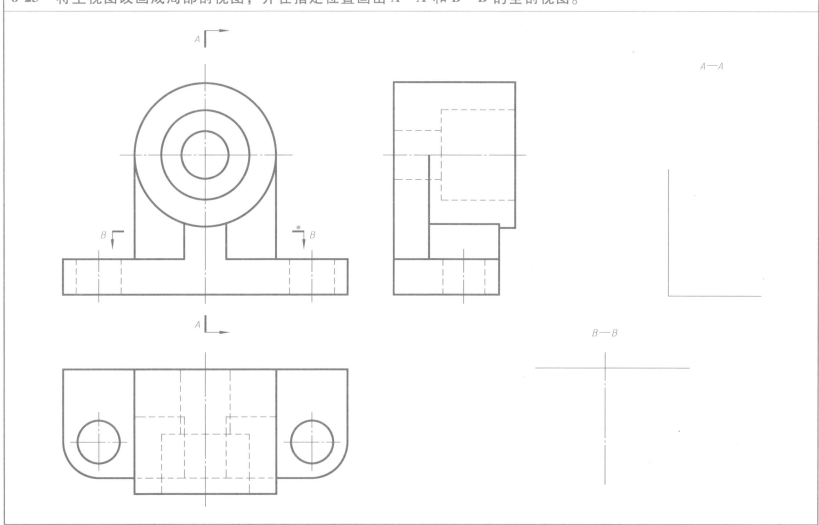

6-24 用适当的表达方法将物体的内、外部结构形状表达清楚，并画在 **A3** 图纸上，尺寸在图上量取。

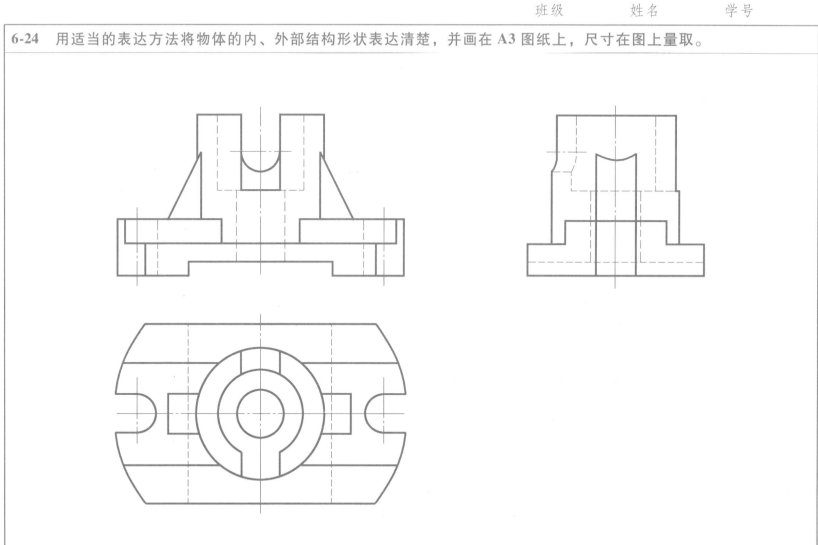

6-25　根据物体的立体图及所注尺寸，在 A3 图纸上用最优的表达方案表达物体。

1.

2.

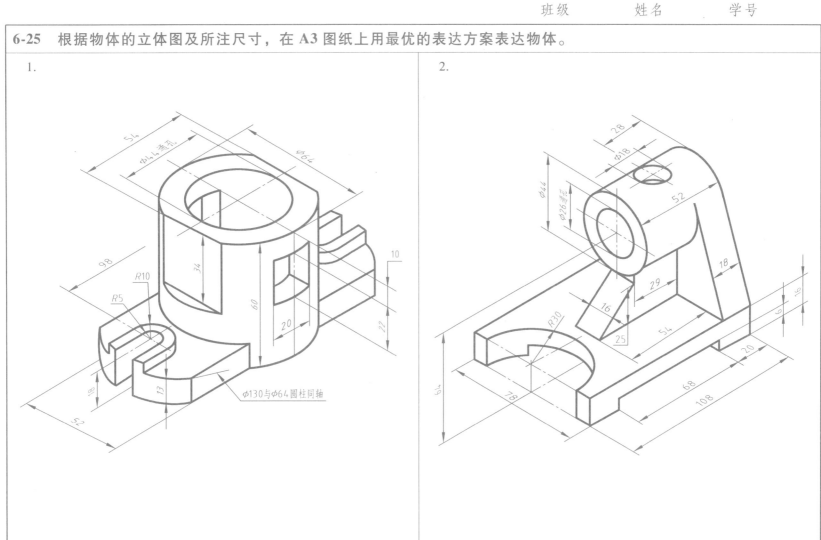

7-1 按规定画法画出螺纹的主、左视图。

1. 外螺纹公称直径 24mm，螺纹长度 30mm，螺杆长度 40mm，倒角 $C3$。

2. 内螺纹公称直径 24mm，螺纹深度 24mm，钻孔深度 36mm，倒角 $C3$。

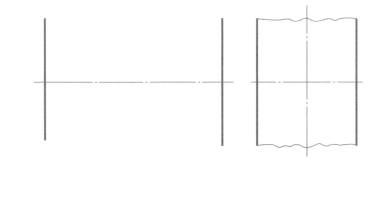

7-2 找出螺纹连接图中的画法错误，并在下方画出正确的螺纹连接图。

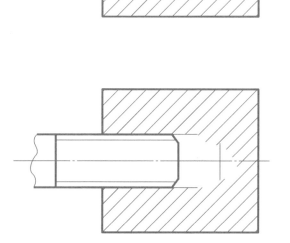

7-3　根据下列给定的螺纹要素，对螺纹进行标注。

1. 粗牙普通螺纹，公称直径 25mm，单线，左旋，螺纹公差带代号：中径、顶径均为 6H，中等旋合长度。

2. 细牙普通螺纹，公称直径 30mm，螺距 2mm，单线，右旋，螺纹公差带代号：中径 5g、顶径 6g，长旋合长度。

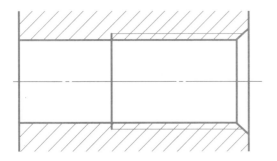

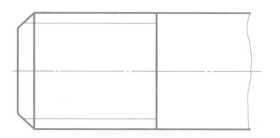

3. 55°非密封管螺纹，尺寸代号 3/4，公差等级为 A 级，右旋。

4. 梯形螺纹，公称直径 34mm，导程 6mm，双线，左旋，长旋合长度。

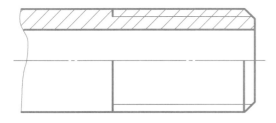

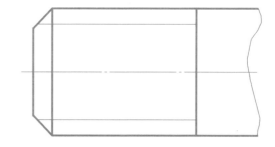

7-4　用比例画法画出螺纹紧固件连接装配图，比例 1∶1。

1. 螺栓连接

螺栓　GB/T 5782　M12×*l*

螺母　GB/T 6170　M12

垫圈　GB/T 97.1　12

每块板厚 23mm，板宽 35mm。

2. 螺柱连接

螺柱　GB/T 897　M12×*l*

螺母　GB/T 6170　M12

垫圈　GB/T 93　12

上面板厚 15mm，下面铸铁底

座厚 35mm，板宽 35mm。

3. 螺钉连接

螺钉　GB/T 65　M12×*l*

上面板厚 15mm，下面铸铁底

座厚 35mm，板宽 35mm。

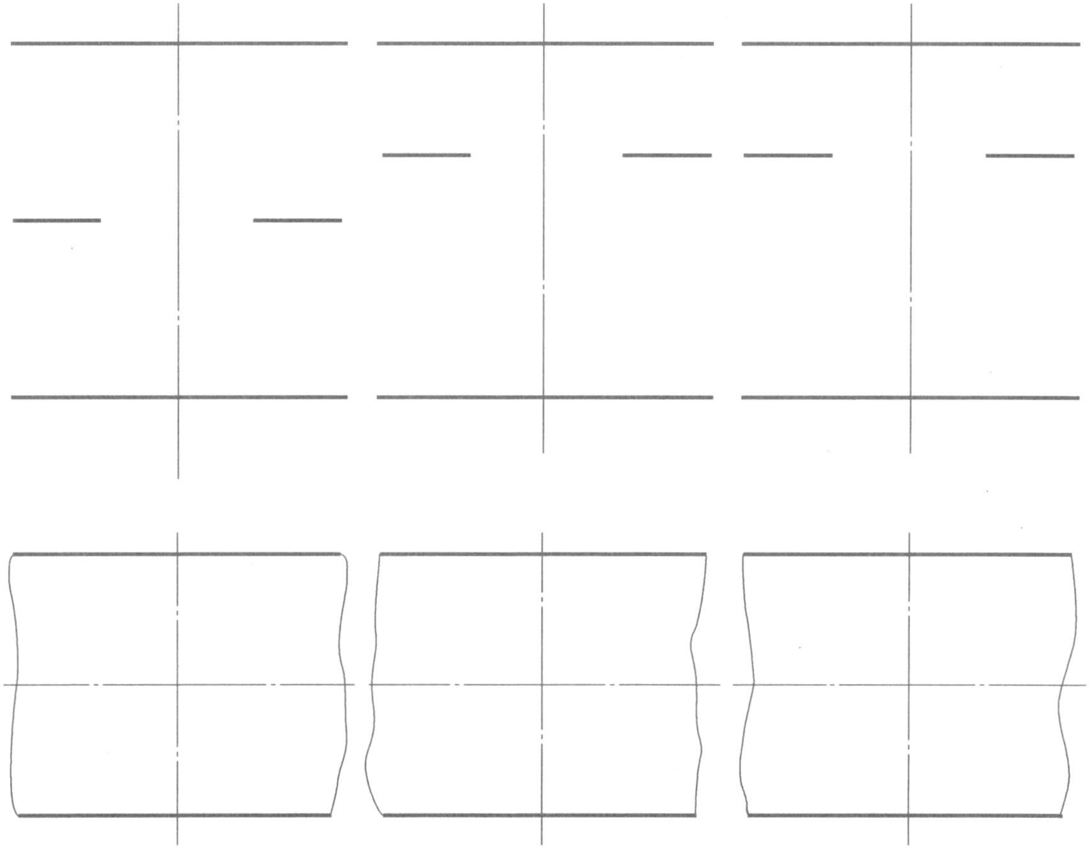

7-5　普通平键及连接。

1. 公称尺寸为 20mm 的轴和齿轮，查表确定键槽宽度和深度尺寸，并在轴及齿轮图上标注尺寸。

轴

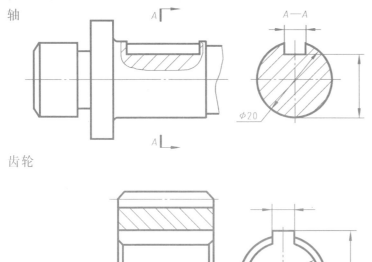

齿轮

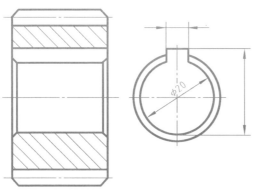

2. 将轴和齿轮用 A 型普通平键连接，键的长度为 20mm。补全装配图。

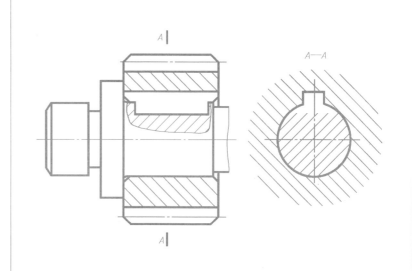

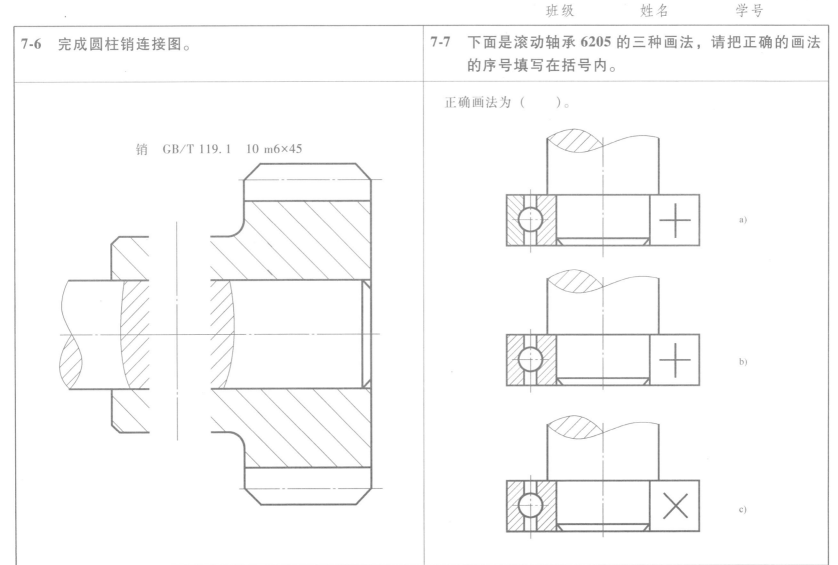

7-6　完成圆柱销连接图。

销　GB/T 119.1　10 m6×45

7-7　下面是滚动轴承 6205 的三种画法，请把正确的画法的序号填写在括号内。

正确画法为（　　　）。

a)

b)

c)

7-8　已知一对啮合齿轮的部分视图，齿轮模数 $m = 2\text{mm}$，补全啮合齿轮的两个视图。

8-1　绘制零件图。图名：轴；材料：45 钢；比例：1 : 1；图幅：A4（要求查表决定退刀槽、越程槽、键槽的尺寸）。

8-2　绘制零件图。图名：端盖；材料：HT150；比例：1 : 2；图幅：A4。

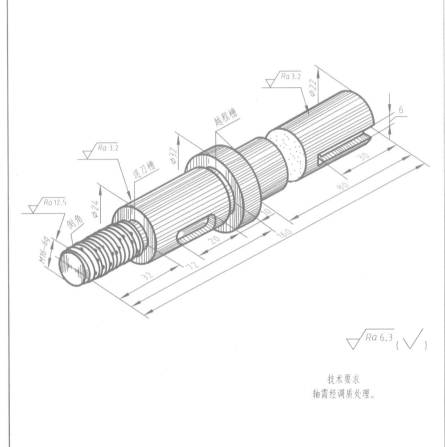

技术要求
轴需经调质处理。

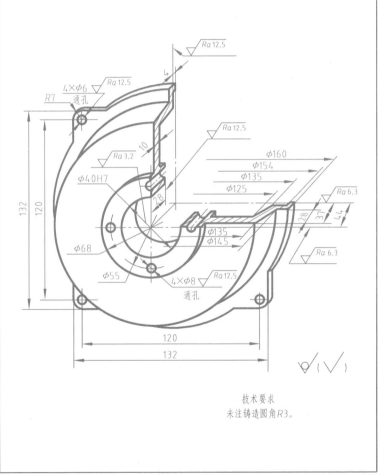

技术要求
未注铸造圆角R3。

8-3　绘制零件图。图名：机座；材料：HT200；比例：1：1；图幅：A3（或 A2）。

作业要求：

1. 标注零件尺寸和表面粗糙度。

2. 填写技术要求：

　　1）铸件应进行时效处理；

　　2）未注铸造圆角 R3～R5。

标注加工表面的表面粗糙度：

ϕ30 内孔面 Ra6.3μm；

ϕ20 内孔面 Ra3.2μm；

140 下端面 Ra6.3μm；

ϕ50 上平面 Ra6.3μm；

ϕ40 上下平面 Ra6.3μm；

65×30 平面 Ra6.3μm；

未标注加工面 Ra12.5μm。

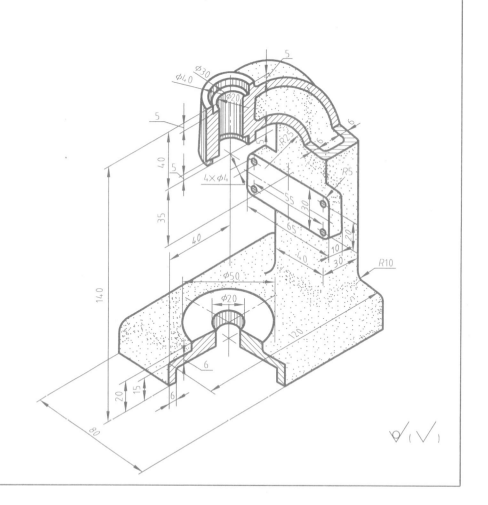

8-4　绘制零件图。图名：支座；材料：HT200；比例：1∶1；图幅：A3。

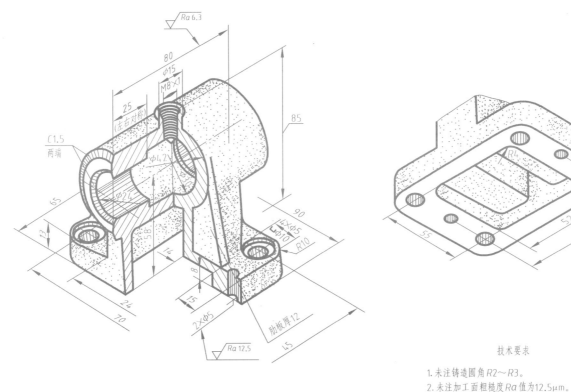

技术要求

1. 未注铸造圆角R2～R3。
2. 未注加工面粗糙度Ra值为12.5μm。

8-5 合理标注零件图上的尺寸。

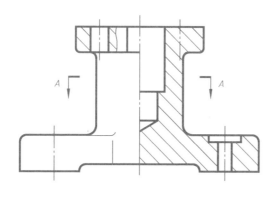

A—A

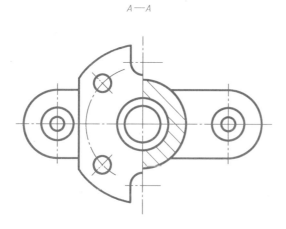

技术要求

1. 铸件需经时效处理。

2. 未注铸造圆角R3～R5。

绘图			HT250	××大学
校对				支架
			比例 1:1	
审核			班号　　学号	图号

8-6 已知零件表面加工要求如下表所示。在图 b 中标出粗糙度代号。

表面	A	B	C	D	其余
Ra/μm	1.6	3.2	6.3	12.5	25

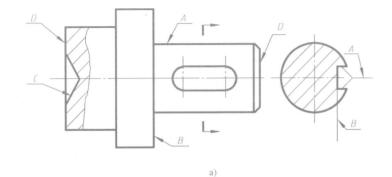

a)

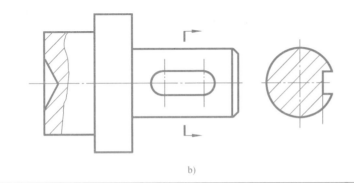

b)

8-7 分析图 a 中表面粗糙度标注中的错误，在图 b 中作出正确的标注。

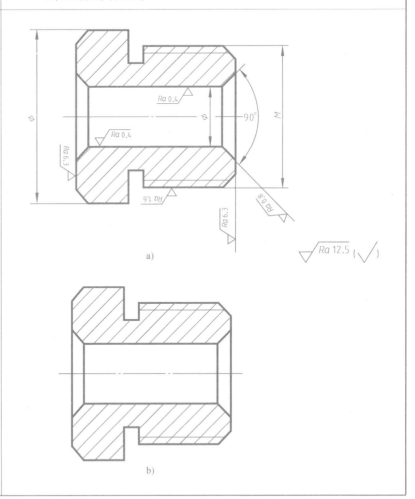

8-8 根据装配图 a 中的配合代号，在零件图 b、c 上用偏差值的形式分别标出轴和孔的尺寸精度，并在下列横线上指出是哪一类配合。

孔和轴的配合属于＿＿＿＿＿制的＿＿＿＿＿配合。

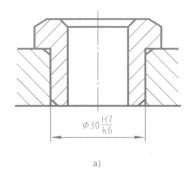

$\phi30\dfrac{H7}{k6}$

a)

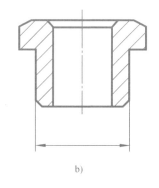

b)

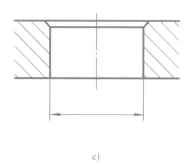

c)

8-9　读主轴零件图，并回答下列问题。

1. 该零件属于_____类零件，材料为_____，绘图比例为_____。

2. 该零件图采用_____个图形表达零件的结构和形状。主视图采用_____剖视表达轴的内部结构；此外采用_____表达越程槽结构；采用_____表达键槽处断面形状。

3. 键槽长度为_____，宽度为_____，长度方向定位尺寸为_____。

4. $\phi 26_{-0.013}^{0}$ 的最大极限尺寸为_____，最小极限尺寸为_____，公差为_____。

5. 该轴的表面粗糙度要求最高的 *Ra* 值为_____。

6. 看懂零件图，在图中指定位置画出 *C—C* 断面图。

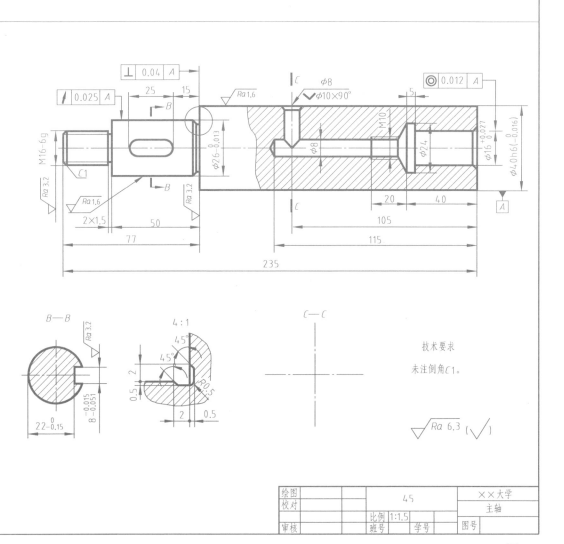

技术要求

未注倒角C1。

$\sqrt{Ra\,6.3}\ (\sqrt{\ })$

绘图		45	××大学
校对			主轴
		比例 1:1.5	
审核		班号　　学号	图号

8-10　读轴承盖零件图并回答下列问题。

1. 此零件是____类零件。主视图符合零件的_____位置。

2. 零件右端面上有____个 $\phi9$ 的孔，是与直径____的螺栓相配的。

3. $\phi90$ 属于____尺寸。

4. $\phi70d11$ 表示公称尺寸为____，标准公差等级为____，基本偏差代号为____。

5. 画出 B—B 剖视图和 C 向视图。

B—B　　　　　　　　　　C

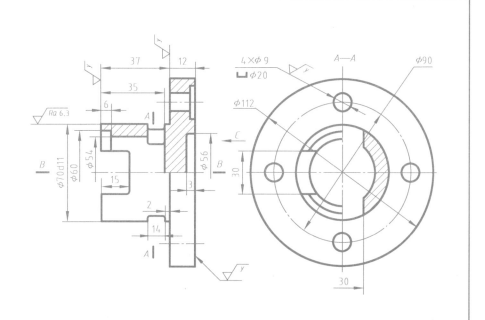

技术要求

1.铸件不得有气孔、裂纹等缺陷。

2.未注圆角 R3。

绘图		HT200	××大学
校对			轴承盖
		比例	
审核		班号	学号	图号

8-11　读支架零件图并回答下列问题。

1. 该零件的名称是＿＿＿＿＿，比例是＿＿＿＿＿，材料是＿＿＿＿＿。

2. 该零件共用了＿＿＿个图形来表达，主视图中有＿＿＿处作了＿＿＿＿＿＿剖视；A 向旋转是＿＿＿＿＿＿图。

3. 尺寸 $\phi25H9$ 中，$\phi25$ 是＿＿＿尺寸，H 表示＿＿＿＿＿＿＿＿，9 表示＿＿＿＿＿＿＿，H9 表示＿＿＿＿＿＿＿＿＿。

4. 尺寸 M6-7H 中：M 表示＿＿＿＿＿＿＿，6 表示＿＿＿＿＿＿＿＿＿尺寸，7H 表示＿＿＿＿＿＿＿＿＿＿＿＿＿。

5. 支架上 C1 的倒角有＿＿＿＿处，表面粗糙度要求为 $\sqrt{Ra\,12.5}$ 的表面有＿＿＿个，符号 $\sqrt{}$ 表示＿＿＿＿＿＿＿＿＿。

6. 在移出断面图上，尺寸 30 是＿＿＿方向上的尺寸，28 是＿＿＿方向上的尺寸。

7. 支架左侧圆筒的定形尺寸为＿＿＿＿＿＿＿＿＿＿＿，支架右侧斜板的定位尺寸是＿＿＿＿＿＿＿＿＿＿＿＿。

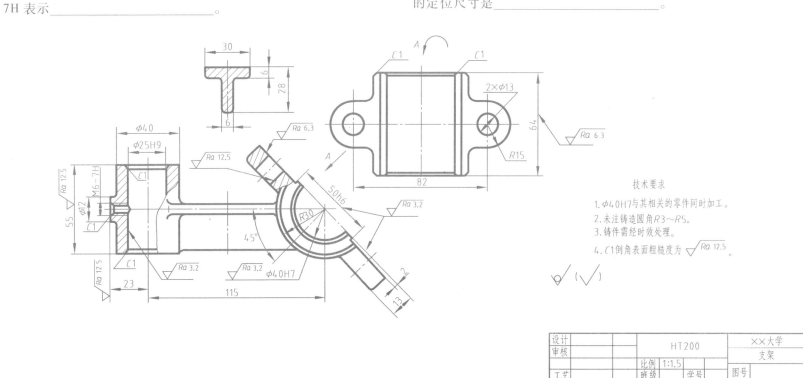

技术要求

1. $\phi40H7$ 与其相关的零件同时加工。

2. 未注铸造圆角 $R3\sim R5$。

3. 铸件需经时效处理。

4. C1 倒角表面粗糙度为 $\sqrt{Ra\,12.5}$。

设计		HT200	××大学
审核			支架
		比例 1:1.5	
工艺		班级　学号	图号

8-12　读支座零件图并回答下列问题。

1. 该零件名称为_____，材料为_____，绘图比例为_____。

2. 左视图采用_____剖，俯视图为_____视图。

3. 在_____视图上可以看出底板的形状，在_____图上反映上面凸台的形状。

4. 零件上有_____个螺纹孔，其标记为_____，定位尺寸为_____。

5. 该零件支撑板、肋板的厚度为_____。

6. 说明 $\phi72H8$ 的含义：$\phi72$ 为_____，H8 为_____，H 为_____，8 为_____。

7. 该零件顶面、底面表面粗糙度 Ra 值分别为_____、_____，表面粗糙度 Ra 值最小的面为_____面。

8. 该零件有一处是_____公差要求，表示：$\phi72H8$ 圆柱孔轴线相对_____面的平行度误差不超过 0.03mm。

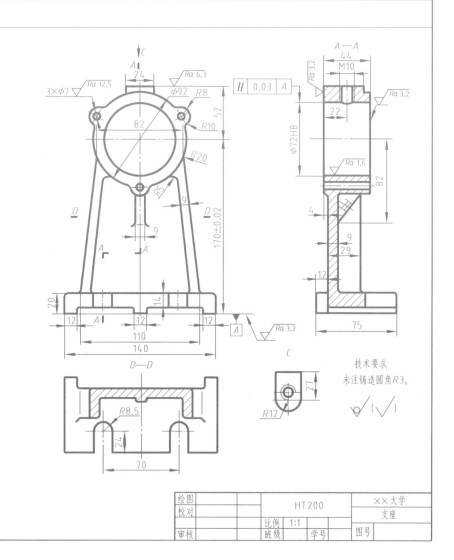

技术要求
未注铸造圆角R3。

绘图		HT200		××大学
校对				支座
		比例	1:1	
审核		班级	学号	图号

9-1　根据千斤顶的装配示意图和零件图拼画装配图。

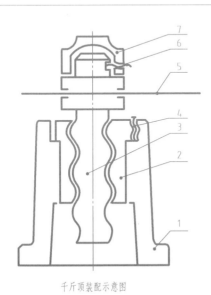

千斤顶装配示意图

1. 千斤顶的工作原理

千斤顶是利用螺旋转动来顶举重物的一种起重或顶压工具，常用于汽车修理及机械安装中。

工作时，重物压于顶垫 7 之上，将铰杠 5 穿入螺旋杆 3 上部的孔内，旋动铰杠 5，因底座 1 及螺套 2 不动，则螺旋杆 3 在做圆周运动的同时，靠螺纹的配合做上、下移动，从而顶起或放下重物。螺套 2 镶在底座 1 里，用螺钉 4 定位，磨损后便于更换；顶垫 7 在螺旋杆 3 顶部，其球面形成传递承重的配合面，由螺钉 6 锁定，使顶垫 7 不至脱落且能与螺旋杆 3 相对转动。

2. 作业目的和要求

1）了解装配图的内容和作用，读懂千斤顶的全部零件图。

2）了解由零件图拼画装配图的方法和步骤。

3）在 A3 图纸上用适当的表达方案绘制出千斤顶的装配图，绘图比例为 1∶1（或用 A2 图纸，绘图比例 2∶1）。

7		顶垫	1	Q235		
6	GB/T 75	螺钉M8×12				
5		铰杠	1	Q235		
4	GB/T 73	螺钉M10×12	1			
3		螺旋杆	1	45		
2		螺套	1	ZCuAl10Fe3		
1		底座	1	HT200		
序号	代号	名称	数量	材料	单件 总计 质量	备注

9-1 根据千斤顶的装配示意图和零件图拼画装配图（续）。

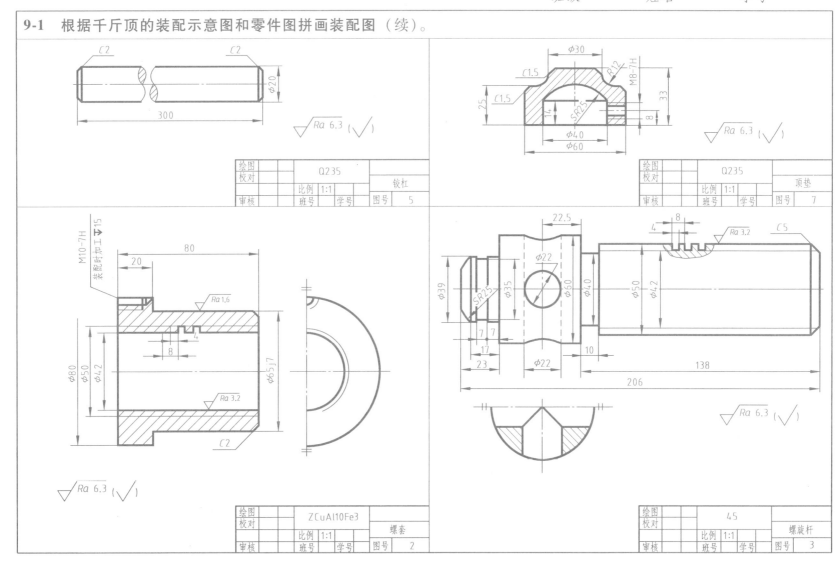

$\sqrt{Ra\ 6.3}\ (\sqrt{})$

绘图		Q235			
校对					铰杠
		比例	1:1		
审核		班号	学号	图号	5

$\sqrt{Ra\ 6.3}\ (\sqrt{})$

绘图		Q235			
校对					顶垫
		比例	1:1		
审核		班号	学号	图号	7

M10-7H 装配时钻工▽15

$\sqrt{Ra\ 1.6}$

$\sqrt{Ra\ 3.2}$

$\sqrt{Ra\ 6.3}\ (\sqrt{})$

绘图		ZCuAl10Fe3			
校对					螺套
		比例	1:1		
审核		班号	学号	图号	2

$\sqrt{Ra\ 3.2}$ $\sqrt{Ra\ 6.3}\ (\sqrt{})$

绘图		45			
校对					螺旋杆
		比例	1:1		
审核		班号	学号	图号	3

9-1　根据千斤顶的装配示意图和零件图拼画装配图（续）。

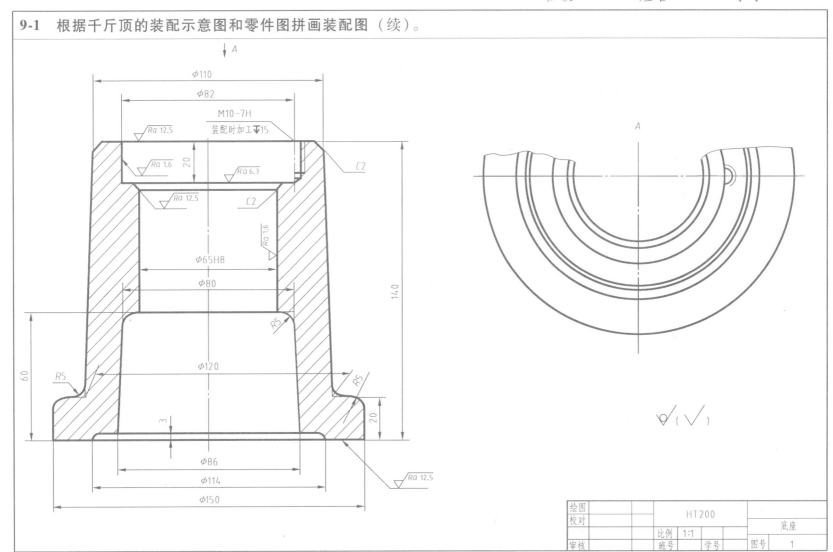

绘图			HT200	
校对				底座
	比例	1:1		
审核	班号		学号	图号	1

9-2　读钻模装配图并回答下列问题。

1. 钻模由 _____ 种共 _____ 个零件组成，其中标准件有 _____ 种。

2. 该钻模用了 _____ 个图形表达，其中主视图采用了 _____ 和 _____ ，左视图采用了 _____ 。

3. 钻模板 2 上有 _____ 个 $\phi16H7/h6$ 的钻套孔，其孔的定位尺寸是 _____ 。钻套 3 的材料是 _____ 。图中双点画线表示 _____ 件，属于 _____ 画法。

4. 底座 1 上有 _____ 个圆弧槽，底座与被加工件的定位尺寸是 _____ 。

5. 从图中可以看出，被加工件需钻 _____ 个直径为 _____ 的孔。

6. 尺寸 $\phi38H7/k6$ 是件 _____ 和件 _____ 的 _____ 尺寸，属于 _____ 制的 _____ 配合。

7. 钻模的总体尺寸为 _____。

8. 被加工件钻完孔后，应先旋松件 _____ ，再取下件 _____ 和件 _____ ，被加工件便可取下。

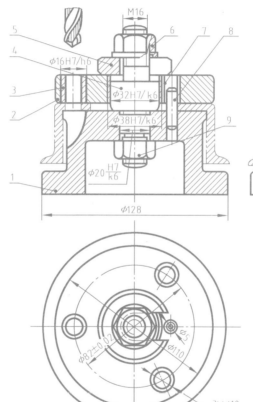

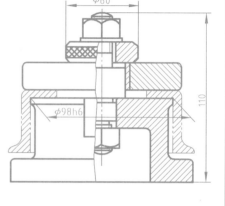

工作原理

钻模是用于加工件的夹具。把工件放在底座 1 上，装上钻模板 2，钻模板 2 通过圆柱销 8 定位后，再放置开口垫圈 5，并用特制螺母 6 压紧，钻头通过钻套 3 的内孔，准确地在工件上钻孔。

序号	代号	名称	数量	材料	备注
9	GB/T 6710	螺母 M16	1		
8	GB/T 119.1	圆柱销 5×30	1		
7		衬套	1	45	
6		特制螺母	1	35	
5		开口垫圈	1	45	
4		轴	1	45	
3		钻套	3	T8	
2		钻模板	1	45	
1		底座	1	HT150	
序号	代号	名称	数量	材料	备注

绘图				××大学	
校对					
		比例 1:2		钻模	
审核		班号	学号	图号	

9-3　读夹线体的装配图。

1. 工作原理

夹线体是将线穿入衬套 3 中，然后旋转手动压套 1，通过螺纹 M36×2 使手动压套 1 向右移动，沿着锥面接触使衬套 3 向中心收缩（因在衬套 3 上有开槽），从而夹紧线体。当衬套 3 夹住线后，还可以与手动压套 1、夹套 2 一起在盘座 4 的 $\phi48$ 孔中旋转。

2. 作业要求

1）读懂夹线体装配图。

2）拆画夹套 2 的零件图。

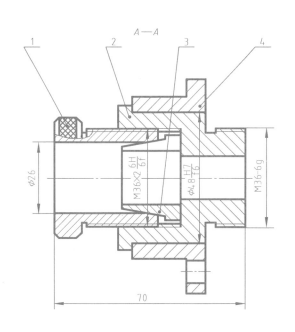

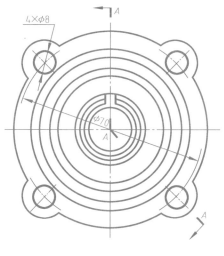

4		盘座	1	45			
3		衬套	1	Q235			
2		夹套	1	Q235			
1		手动压套	1	Q235			
序号	代号	名称	数量	材料	单件	总计	备注
					质量		
绘图					××大学		
校对					夹线体		
		比例	1:1				
审核		班号		学号		图号	

9-4　读低速滑轮装置装配图，拆画托架 1 的零件图。

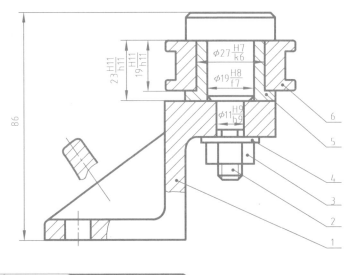

1. 主视图采用了_____剖视。

2. $\phi 19 \dfrac{H8}{f7}$ 属于_____尺寸，_____制_____配合。

3. 86 属于_____尺寸，43 属于_____尺寸。

6		滑轮	1	HT200		
5		衬套	1	35		
4	GB/T 97.1	垫圈10	1	Q235		
3	GB/T 6170	螺母M10	1	Q235		
2		芯轴	1	45		
1		托架	1	HT200		
序号	代号	名称	数量	材料	单件总计 质量	备注
绘图				××大学		
校对				低速滑轮装置		
		比例				
审核		班级	学号	图号		

9-5　读阀的装配图。

1. 工作原理

阀安装在管路系统中，用以控制管路的通与不通。当杆 1 在外力作用下向左移动时，阀球 4 压缩弹簧 5，阀门打开。当去掉外力时，阀球 4 在弹簧力作用下，将阀门关闭。

2. 作业要求

1）读懂阀装配图。

2）拆画阀体 3 和管接头 6 的零件图。

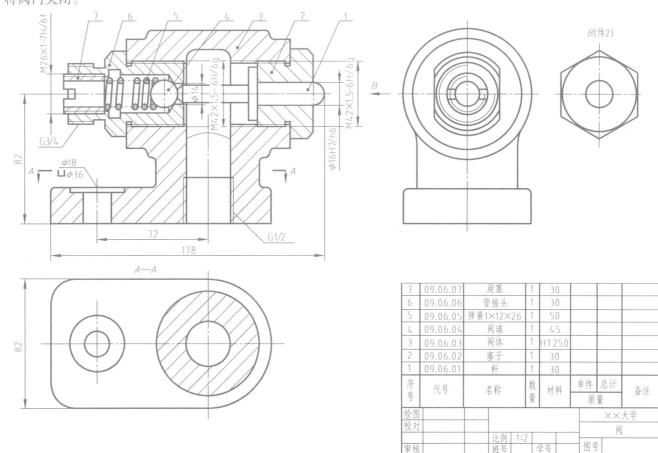

7	09.06.07	旋塞	1	30			
6	09.06.06	管接头	1	30			
5	09.06.05	弹簧1×12×26	1	50			
4	09.06.04	阀球	1	45			
3	09.06.03	阀体	1	HT250			
2	09.06.02	塞子	1	30			
1	09.06.01	杆	1	30			
序号	代号	名称	数量	材料	单件 质量	总计	备注

绘图				××大学	
校对				阀	
		比例	1:2		
审核		班级	学号	图号	

10-1　用计算机绘图软件绘制三视图并标注尺寸。

1.

2.

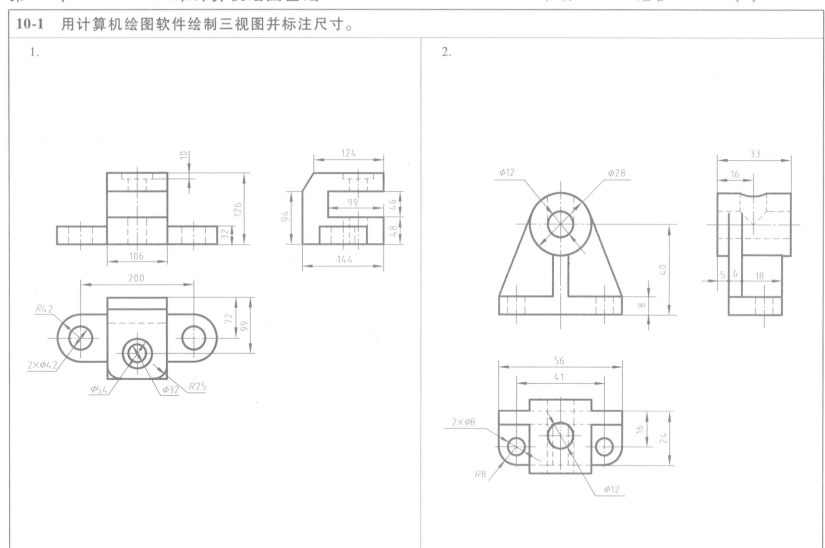

10-2 用计算机绘图软件绘制零件图（采用图幅 A3，绘图比例 2：1，并标注尺寸和表面粗糙度，填写技术要求）。

技术要求

1. 零件进行调质处理217～250HBW。
2. 未注倒角 C1。

标记	处数	分区	更改文件号	签名	年, 月, 日			45		轴
绘图			标准化			阶段标记	质量	比例		
								2：1		
校对										
审核			批准			共　张　第　张				

10-3　调用标准件图库绘制螺栓连接装配图（图幅：A4）。

螺栓 GB/T 5782 M24×110

垫圈 GB/T 93 24

螺母 GB/T 6170 M24

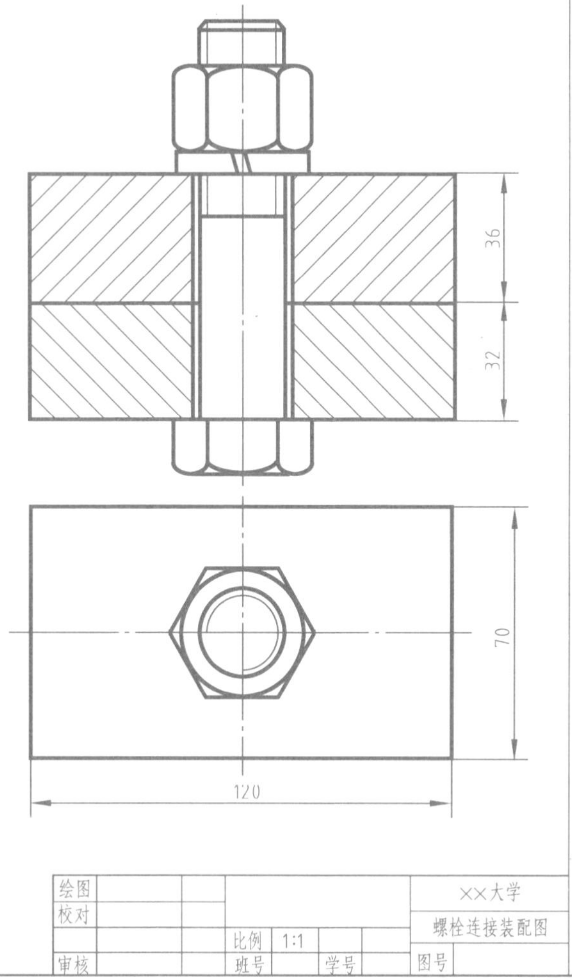

绘图					××大学	
校对					螺栓连接装配图	
		比例	1:1			
审核		班号		学号	图号	

10-4　绘制装配图。

用 CAXA 电子图板绘制千斤顶装配图（各零件图及尺寸见题 9-1，标准件在图库中提取，绘图比例 1:1）。

11-1　根据所给视图及尺寸画出立体的三维造型图（熟悉拉伸、切除及镜像的操作）。

1.

2.

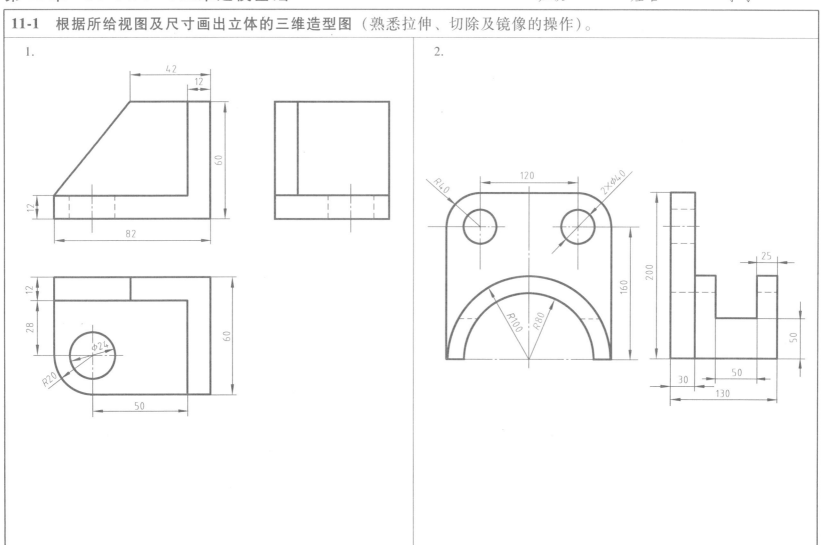

11-2 根据所给视图及尺寸画出立体的三维造型图（熟悉圆周阵列、线性草图阵列的操作）。

1.

2.

11-3 根据所给视图及尺寸画出立体的三维造型图（熟悉基准面的建立、镜像及旋转凸台/基体的操作）。

1.

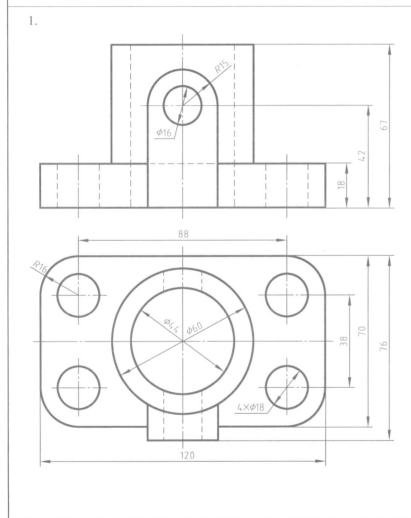

2.

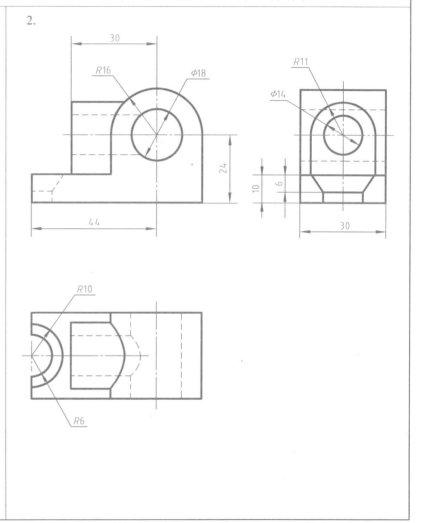

11-4 根据所给视图及尺寸画出立体的三维造型图（熟悉镜像的操作）。

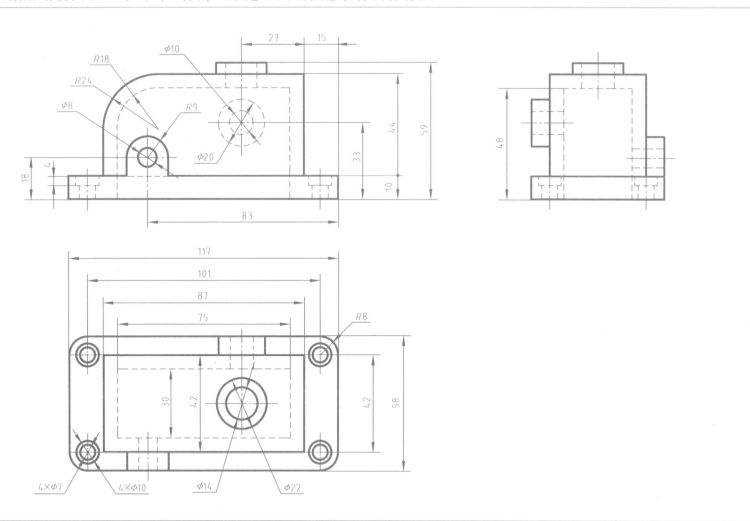

11-5 根据所给视图及尺寸画出立体的三维造型图（熟悉旋转凸台/基体、基准面的建立及倒角的操作）。

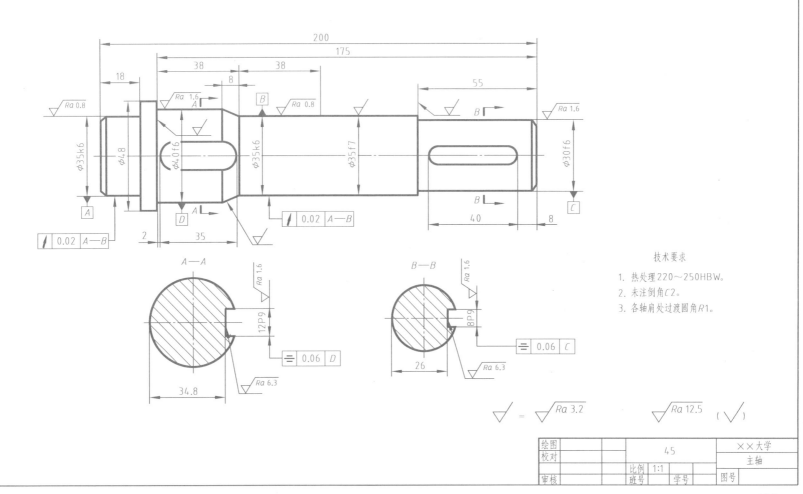

技术要求

1. 热处理220～250HBW。
2. 未注倒角C2。
3. 各轴肩处过渡圆角R1。

绘图			45	××大学
校对				主轴
			比例 1:1	
审核			班号　　学号	图号

参 考 文 献

[1]   姚春东，宋耀增. 工程制图习题集 [M]. 4 版. 北京：中国标准出版社，2011.

[2]   姜桂荣，董永刚. 画法几何与机械制图习题集 [M]. 3 版. 北京：中国标准出版社，2011.

[3]   郝立华，赵凤芹. 机械制图习题集 [M]. 北京：国防工业出版社，2014.

[4]   赵大兴. 工程制图习题集 [M]. 2 版. 北京：高等教育出版社，2009.

[5]   高辉松，肖露. 现代机械制图习题集 [M]. 北京：机械工业出版社，2022.